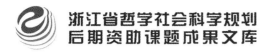

浙江省哲学社会科学规划
后期资助课题成果文库

自我和自我错觉
——基于橡胶手和虚拟手错觉的研究

Self and Self-illusion: Based on the
Studies of Rubber Hand / Virtual Hand Illusion

张 静 著

中国社会科学出版社

图书在版编目(CIP)数据

自我和自我错觉：基于橡胶手和虚拟手错觉的研究 /张静著.
—北京：中国社会科学出版社，2017.12
ISBN 978-7-5203-1688-0

Ⅰ.①自… Ⅱ.①张… Ⅲ.①自我意识-研究 Ⅳ.①B844

中国版本图书馆 CIP 数据核字(2017)第 308502 号

出 版 人 赵剑英
责任编辑 王莎莎
责任校对 杨 林
责任印制 李寡寡

出 版 中国社会科学出版社
社 址 北京鼓楼西大街甲 158 号
邮 编 100720
网 址 http://www.csspw.cn
发 行 部 010-84083685
门 市 部 010-84029450
经 销 新华书店及其他书店

印刷装订 北京君升印刷有限公司
版 次 2017 年 12 月第 1 版
印 次 2017 年 12 月第 1 次印刷

开 本 710×1000 1/16
印 张 13.75
插 页 2
字 数 224 千字
定 价 58.00 元

前　言

　　自我在我们所亲熟的日常体验中总是被觉知为一个统一、独立和同一的极点式的自主体。我们是自身体验的拥有者和行动的发起者的感受是如此强烈，以至于从笛卡儿开始至今的自我实体论的拥护者，对于一种单一、独立和实在的实体自我的论证与寻找几乎从未停止过。然而另一方面，神经科学从未在人脑中找到充当这种实体自我角色的脑结构，这导致有些研究者开始质疑自我的实在性，有的甚至认为所谓的实体自我无非是脑创造的一种错觉。但无论是实体论还是错觉论，两者似乎都不可行。前者无法对自我实体的极点式存在给出进一步的证据，而后者则无法解释为什么这一错觉能够如此稳定而持久地存在于所有人的感受之中。为此，自我的建构论者在同时反对这两种极端观点的基础上指出，自我不是一个事物或实体，当然自我也不是一种错觉，相反，它是一个过程，一个"我正在持续进行"（I-ing）的过程，正是这个过程生成了一个"我"，并且在这个过程中"我"和过程本身是等同的。自我就是在这个过程中被建构起来的。

　　自我是一种过程的建构这一主张可以从包括生物学、心理学及社会学等众多方面加以辩护，但在所有的这些方面中，身体自我是基础也是根本。正如现象学家加拉格尔所指出的，要开展自我研究，首先要寻找出我们剥离掉一切后仍然愿意称之为"自我"的那个最基本或最原始的"某物"。因此理解自我是如何建构的，首先必须要理解这种最小自我是如何建构的，而要理解这种最小自我的建构就必然要重视发生在身体自我层面上的解构和建构现象。正因为这样，本书对自我建构的论证是从对身体自我的论证开始的。而对身体自我的研究——无论是在现象学还是认知科学中——都有必要分解为对拥有感和自主感这两种现象的研究。拥有感是指"我"是那个正在做出某个动作或者经历某种体验的人的感觉，而自主感则是指"我"是那个发起动作或者导致动作产生的人的感觉。这两类体验被认为是能够帮助我们进行有效身体自我识别的基本体验，它们共同构成了最小的身体自我感。

对拥有感和自主感的研究最好的办法无疑是通过比较两类感受存在和不存在时的差异来开展对比研究。为此，一方面，我们需要通过神经病理学中拥有感和自主感紊乱的案例向我们呈现拥有感和自主感的解构来展示它们对于稳定统一的自我感的重要性；另一方面，我们也需要通过有关拥有感和自主感的错觉是如何产生的研究来向我们展示拥有感和自主感是如何作为过程被建构起来的。

为此，本书在详细地介绍神经病理学和错觉实验围绕拥有感和自主感所开展的研究之后，设计了两个基于虚拟现实技术的错觉实验来对这两类体验进行直接的研究。第一个实验通过考察环境因素对拥有感的影响来说明拥有感可能的建构过程与形成机制。实验的结果一方面表明自我与他者之间的界限可能并不是绝对的，另一方面也提出身体意象是可塑的。第二个实验将运动因素引入实验设计，同时对拥有感和自主感的可塑性进行考察，并在此基础上探究两类体验对高阶情感认知（焦虑）的影响。实验结果发现了拥有感和自主感之间存在的分离与交互，同时也证实了拥有感和自主感所构成的最小自我对叙事自我可能会产生的影响。尽管实验直接研究的只是自我相关问题中很小的一方面，但是借助这些研究所揭示出的拥有感和自主感的建构，尤其是自上而下的加工机制和自下而上的加工机制在其中的作用，我们可以更好地透视和理解自我的建构论主张。

最后，在上述论证和分析的基础上，本书对自我的建构给出了基于拥有感和自主感这两类构成最小自我的核心成分的论证：（1）自我的成分建构。最小自我由拥有感和自主感构成，两者既可以相互分离但彼此又密切联系，正是两类体验的共同作用才保证了最小自我能够以稳定而统一的方式呈现。（2）自我的结构建构。即拥有感和自主感内部各自有层级之分，从感受到判断再到元表征，在预测编码模型的框架下，概率表征起着对预期自上而下的影响，从而消解自下而上的预测错误，保证自我感的一致而不会发生紊乱。（3）自我的过程建构。自我的建构过程遵循自由能量原理，它认为脑通过更新可能性表征来维持稳定，即脑会一直动态地评估哪些状态的可能性是高的，哪些状态的可能性是低的，并且让各种可能性维持在此消彼长、此长彼消的平衡之中。脑力求减少震惊的过程是一个动态评估不断变化的过程，自我正是在这样一个过程中被建构起来的。

　　本书尝试为自我的建构论主张提供基于交叉学科视角的辩护，但我们清醒地认识到目前这种处于哲学—科学交叉界面上的研究仍然处在宏阔的哲学分析与局部的实证研究不断互动磨合的阶段，要实现对身体自我、心理自我乃至社会文化自我的全方位而一致的理解，仍然需要哲学与科学进行持续不断的互动和合作。

目　　录

导　言

　　人类对于自我问题的思考和探索源远流长。一方面，有意识的体验或思考中，"我"始终存在，并且是整个结构中不可或缺的成分①，我们很难想象没有体验者的体验的存在；另一方面，这一看似单一、连续、拥有体验的自我似乎又并不存在，科学无须一个内在的体验者来观察大脑的活动②。正如笛卡儿那个著名的疑问所提到的："我知道我存在，问题是，我所知道的这个'我'是什么？"③

　　行为主义的风靡一时导致意识、自我等问题的研究一度成为禁忌，但随着近十几年来哲学、心理学、认知科学、神经科学以及心智哲学等学科交叉研究的不断深入，"自我"再度成了当代心智哲学和认知科学着力研究的核心问题之一。纵观众多围绕自我本质问题的探讨，当代西方哲学中出现的最为针锋相对的观点当属自我的实体论和错觉论。实体论的观点可以追溯到笛卡儿。通过肯定思维的存在进而推定需要一个主体，因为思维不能凭空产生，从而得出结论思维主体（自我）是存在的。然而笛卡儿虽然肯定了自我的实在性，却未能对之给出令人信服的论证。所以，后来以经验主义为纲领对自我问题进行探讨的休谟便毅然决然地否定了自我的实在性，并断定自我纯粹是一种错觉④。无论是实体论还是错觉论，尽管两派理论有不少立场坚定的支持者，但是两类理论时至今日依然各执一词

---

　　① 李恒威：《意识：从自我到自我感》，浙江大学出版社 2011 年版，第 39 页。

　　② Blackmore, S. (2004), *Consciousness*: *An Introduction*, New York: Oxford University Press, p. 95.

　　③ Descartes, R. (1985), *The Philosophical Writings of Descartes* (*Volumes* 2), Cambridge: Cambridge University Press, p. 18.

　　④ D. 休谟：《人性论》（上册），关文运译，郑之骧校，商务印书馆 1980 年版，第 278—282 页。

地僵持不下，于是基于中观论（middle way）的建构论主张悄然兴起。建构论既反对极端的实体论也反对绝对的错觉论，指出自我是通过自我指定和自我标明的过程生成的①。建构论认为自我既不是一个独立的事物或实体，也不是一种错觉，而是一个过程。

自我问题涉及范围广泛，且在方法论上也是大相径庭。本书暂不就所有问题一一开展论述，本书的主旨是从身体自我入手，基于对自我觉知中始终存在的最小的自我的两个核心成分拥有感和自主感的分析，通过以点及面、以小见大的方式来为自我的建构论进行辩护。

在第一章中，本书对当代心智科学哲学中自我问题的研究进行回顾和述评。将自我问题研究中针锋相对的两派主要观点归纳为"实体论"和"错觉论"，在分别综述其主要思想和代表性理论的基础上指出其局限性，进而引出自我的"建构论"观点，并对从建构的视角来理解自我的必要性和可行性进行论证。全书章节的论述思路遵循如下几个方面展开。

（1）重视身体自我的必要性。自我问题必然同时包含身体上的自我和心理上的自我，第二章的重点在于论述自我问题的研究应该重视并基于身体的自我。通过对统一的自我或自我感中稳定性的必不可少的说明；从常识体验和病理学的角度分别阐明身体表征之于稳定性的重要意义；以及从具身认知的研究说明身体之于自我问题的重要性这三方面的论述，循序渐进地指出自我问题的研究需要重视"最小的自我"。从现象学的角度而言，最小限度的自我感在自我觉知中时刻存在，是我们自我体验不可或缺的一部分，我们对自我问题的分析与探讨必然要重视这个当所有自我的不必要成分都被剥离之后还依然会存在的事物②。最小的自我有两个核心成分，分别为拥有感和自主感，前者是指我是某个身体部分或者某个动作所属身体部分拥有者的感受，而后者则是指我是导致某个动作产生原因的感受。本章通过对拥有感和自主感分别进行分析与介绍，进一步基于最小的身体自我的视角来探讨自我问题的可行性。

（2）精神病理学案例中自我的解构。在众多与自我相关的精神病理

① Thompson, E. (2014), *Waking, Dreaming, Being: Self and Consciousness in Neuroscience, Meditation and Philosophy*, New York: Columbia University Press, p. 319.

② Gallagher, S. (2000), Philosophical Conceptions of the Self: Implications for Cognitive Science, *Trends in Cognitive Sciences*, 4 (1), pp. 14-21.

学案例中，我们分别挑选了拥有感紊乱和自主感缺失的案例进行介绍和探讨，分析并阐述拥有感和自主感在稳定、统一的自我感的形成和维持中的重要性。第一节"拥有感的紊乱"，主要对异肢现象、躯体失认症和躯体妄想症进行描述与介绍；第二节"自主感的缺失"，分别对精神分裂症和异手症加以描述与分析。正是拥有感和自主感的作用才使我们对自我的体验得以持续和稳定的存在。病理学案例的分析一方面能够对自我的层级结构予以更好的佐证，另一方面也为我们进一步理解心智的构建提供了感性的材料。并且病理学案例还可以通过向我们呈现自我被解构时的现象学描述，说明自我感在正常人身上是如何得以建构的。

（3）错觉研究中自我的建构。在第四章中，我们描述了大量基于新兴实验范式所开展的一系列围绕自我问题的研究，分析其与拥有感和自主感的关系，并着重介绍当前自我相关问题研究中备受青睐的实验研究范式：橡胶手错觉、虚拟手错觉以及相关的变式，分别从拥有感的心理过程和认知神经生理过程以及自主感的心理过程和认知神经过程的角度介绍它们在橡胶手错觉及其变式中的表现。错觉研究通过对正常人身上拥有感和自主感在不同条件下的体验与感受的研究，一方面可以帮助我们更好地理解自我感的建构可能是如何发生的，另一方面也能够启发我们以此为基础提出更多的假设并通过橡胶手错觉等方式进行科学实证的检验。

（4）拥有感和自主感的实证研究。第五章详细地对基于虚拟现实技术所开展的两个实验研究进行介绍。第一个实验，拥有感可塑性的研究分别考察了同步性、绝对位置和相对位置对拥有感的影响。这一研究的结果对于自我问题的探讨有着多方面的意义，其中最为重要的两点是，一方面拥有感的可塑性说明了"自我—他者"表征的不稳定性，另一方面空间参照系对拥有感的影响也暗示了身体意象的可塑性。第二个实验，拥有感和自主感对焦虑的影响，通过系统地操纵同步性和模态性对拥有感和自主感的分离、相互影响以及不同的拥有感和自主感状态对焦虑水平的影响进行探究。对拥有感和自主感所开展的研究较之单纯的拥有感可塑性研究更加符合我们作为正常自主体的日常体验，因此对自我问题的探讨也会有更进一步的意义。通过这一实验研究，我们可以清楚地看到拥有感和自主感之间的相互分离与交互作用，并且也可以通过拥有感和自主感对焦虑水平的影响对最小的自我和叙事的自我之间的关系进行一些初步的讨论。

（5）对自我建构论的辩护。在上述讨论的基础上，第六章总结性地分别对自我的实体论和错觉论进行回应，并对自我的建构论进行辩护。对自我神经相关物的寻找并无法证明自我与哪些特定的脑区或脑过程等同，至今为止尚未发现任何只对自我刺激有所反应的单模态区域的存在，显然将自我还原为某些特定脑区的尝试是失败的。但是每个正常个体都会有一种稳定而统一的自我感，并且自我感的涌现需要一定的生理基础，可见简单地因为自我不是某一实体而就认为它根本不存在或者视其为错觉的做法似乎也不可行。最后，通过独特的现象学视角，我们将分别从成分的建构、结构的建构和过程的建构三方面再次对自我的建构观进行论证与辩护。

第一章

围绕自我的争论

一 实体论与错觉论

围绕自我的传统争论中，存在两种极端的但却截然对立的观点：一种认为自我是真实的、独立的事物；而另一种则认为根本就没有自我。根据第一种观点，自我是一种事物或实体，有其自己内在的存在。它是一个人的本质，它的持续存在是人的持续存在所必不可少的。正如勒内·笛卡儿（René Descartes）所主张的身心二元论，虽然心灵天生就和肉体紧密地结合在一起，但它们是两类完全不同的实体。肉体有广延而不能思维，心灵能思维而无广延。心灵之于肉体就好比船员之于船，船员能驾船，但他本身并不是船[①]。笛卡儿的自我理论被认为是"实体自我理论"（the substance theory of the self）的鼻祖。根据这种理论，自我是某种精神世界的"中心"或"司令部"，所有经验在此汇聚，所有身体行动由此出发，同时它独立并拥有所有具体的思维和记忆。但是"二元论的麻烦在于它解释得既过多又过少，很少有哲学家对它感到满意"。[②] 然而即便如此，笛卡儿的论点"自我是单一的、连续的、一个可被通达的精神实体"确实符合人类关于自我的日常直觉，并能与人的常识产生共鸣。以至于尽管当代的哲学家、心理学家以及神经科学家很少严肃地看待笛卡儿的"精神实体"，但他们中仍有不少人与笛卡儿共享来自常识的"司令部自我"的直觉，他们依然致力于寻找自我背后的生理机制，希望在大脑中找到一个起

[①] R. 笛卡儿：《第一哲学沉思集》，庞景仁译，商务印书馆1986年版，第14—33页。

[②] Humphrey, N. （1999）, *A History of the Mind: Evolution and the Birth of Consciousness*, Heidelberg: Springer Science & Business Media, p. 5.

着"司令部"作用的特殊功能区域。

近几十年来脑成像技术的突飞猛进使寻找自我相关机制的努力成果不断涌现，然而，这些成果并没有真正帮助我们定位自我，反而让人感到困惑。因为随着对自我的神经机制探索的深入，人们发现与自我相关的脑功能区域在大脑中分布极为广泛，似乎并不存在一个特定的"中心"对应所谓的实质性的自我。于是，自我的虚无主义立场再次成为哲学家关注的焦点。

这一主张最早可追溯至大卫·休谟（David Hume）的工作。在《人性论》（*A Treatise of Human Nature*）的"论人格同一性"中，休谟对"自我"问题进行了细致而深入的论述。休谟从经验主义的立场出发彻底拒斥自我的存在，在他看来实质性的（substantial）、持续的（persisting）自我是一种错觉（illusion）①：

> 有些哲学家们认为我们每一刹那都亲切地意识到所谓我们的自我；认为我们感觉到它的存在和它的存在的继续，并且超出了理证的证信程度那样地确信它的完全的同一性和单纯性……不幸的是：所有这些肯定的说法，都违反了可以用来为它们辩护的那种经验，而且我们也并不照这里所说的方式具有任何自我观念……就我而论，当我亲切地体会我所谓我自己时，我总是碰到这个或那个特殊的知觉，如冷或热、明或暗、爱或恨、痛苦或快乐等等的知觉。任何时候，我总不能抓住一个没有知觉的我自己，而且我也不能观察到任何事物，只能观察到一个知觉。当我的知觉在一个时期内失去的时候，例如在酣睡中，那么在那个时期内我便觉察不到我自己，因而真正可以说是不存在的。②

牛津大学哲学家德里克·帕菲特（Derek Parfit）根据不同理论对于"为何似乎我是一个单一的、连续的、拥有体验的自我？"这一问题的回

---

① Blackmore, S. (2004), *Consciousness：An Introduction*, New York：Oxford University Press, p. 96.

② D. 休谟：《人性论》（上册），关文运译，郑之骧校，商务印书馆 1980 年版，第 277—278 页。

答将自我理论分成两类：自我派（ego theories）和羁束派（bundle theories）①。前者认为之所以我们每个人都觉得自己是一个连续的统一的自我是因为我们原本就是如此。在我们生命中不断变化的体验之下有一个内在的自我，正是这一内在的自我，它体验着所有这些不同的事情。这个自我可能（实际上必须）随着生命进程的进行而不断地变化，但它本质上依然是那个相同的"我"。而后者则认为我们每个人都是一个连续的统一的自我是一种错觉。自我并不存在，有的仅仅是一系列的体验，这些体验以不同的方式松散地联系在一起②。阿伦·古尔维奇（Aron Gurwitsch）对于意识的自我论和非自我论的经典区分中其实也已经包含了关于自我问题的自我论和非自我论的界定③。一种自我论的理论将会认为，当我们在关注外部对象时，我们不仅觉知着外部对象，同时也会觉知到它正被我们所关注。例如当我们在看一部电影时，除了意向地朝向该电影、觉知到被观看着的电影之外，我们同时也会觉知到它正被我们所观看。简言之，存在一个体验对象（电影）、一种体验（观看）以及一个体验主体，即我自己。而与此相对的非自我论理论则否认任何体验都是对于某个主体而言的体验。换句话说，它将忽略任何对于体验主体的指涉，并且宣称存在的只是一个对于观看电影这一活动的觉知。体验是无自我的，它们是匿名的心理事件，它们只是发生着④。无论是帕菲特的自我派和羁束派的划分还是古尔维奇的自我论和非我论的区别，其核心的分类标准便是这样一个问题：我们对之有着强烈直觉的自我的实在性是否确实存在？

　　当然除了以笛卡儿和休谟为代表的自我的实体论和错觉论的经典论述外，两类主张在当代自我问题的研究中依然以各种不同的形式存在。从逻辑哲学的视角出发，路德维希·维特根斯坦（Ludwig Wittgenstein）也曾对自我问题进行过探索，他所得出的结论是："的确在某种意义上，在哲学中可以非心理学地谈论自我。自我之进入哲学，是由于'世界是我的世

---

　　① Parfit, D. (1987), *Reasons and Persons*, Oxford：Clarendon Press, p. 91.

　　② Blackmore, S. (2004), *Consciousness：An Introduction*, New York：Oxford University Press, p. 95.

　　③ Gurwitsch, A. (1941), A Non-egological Conception of Consciousness, *Philosophy and Phenomenological Research*, 1 (3), pp. 325–338.

　　④ D. 扎哈维:《主体性和自身性：对第一人称视角的探究》，蔡文菁译，上海译文出版社2008 年版，第 125—126 页。

界'。哲学的自我并不是人，既不是人的身体，也不是心理学探讨的人的心灵，而是形而上学的主体，是世界的界限，而非世界的一部分。"① 维特根斯坦认为，我们不可能在世界中发现和认识形而上学主体。这就如同眼睛和视野之间的关系一样，从视野的存在推论不出眼睛的存在，我们也不能从世界中事实的存在来推论出形而上学主体的存在。他主张只有通过"世界是我的世界"这种自我进入哲学的基本方式，哲学的自我才能被设置和保存起来②。

维特根斯坦的这一观点被约翰·黑尔（John Heil）、约翰·塞尔（John Searle）等当代的一些心智科学哲学家进一步发展。塞尔曾针对休谟的观点明确指出："除了我的一系列思想、情感以及这些思想和情感在其中发生的身体外，我们还需要设定一种事物、一种实体、一个作为这些事件之主体的'我'吗？……我不情愿地被迫得出结论：我们必须要做出这种设定。"③ 塞尔认为任何一个自我在做出某种行为时，虽然总是由于某种原因，总是有某种因果关系参与其中，但自我的行为又是自由的，自我的某种行为最终是出自我自己的选择④。能够对自我行为的自由特征进行解释的就是如塞尔所说的：

> 我们必须假设，除休谟所描绘的"一束知觉"之外，还有某种形式上的约束，约束着做出决定和付诸行动的实体（entity），我们必须假设一个理性的自我或自主体（agent），它能自由地动作，能对行为负责。它是自由行动、解释、责任和给予事物的理由等概念的复合体。⑤

可见塞尔的观点是：把自我设定为经验之外的某种事物是理解我们经

---

① L. 维特根斯坦：《逻辑哲学论》，贺绍甲译，商务印书馆 1996 年版，第 641 页。

② 徐弢：《"自我"是什么？——前期维特根斯坦"形而上学主体"概念解析》，《学术月刊》2011 年第 4 期。

③ Searle, J. R.（2004），*Mind：A Brief Introduction*，New York：Oxford University Press, p. 193.

④ 张世英：《自我的自由本质和创造性》，《江苏社会科学》2009 年第 2 期。

⑤ Searle, J. R.（2004），*Mind：A Brief Introduction*，New York：Oxford University Press, pp. 294-295.

验特征的一种形式的或逻辑的必然要求。比如他曾举例说，为了理解我们的视知觉，我们必须把它理解为从某个观察点发生的，但这个观察点本身并不是我们所看的事物。这个观察点就是一个纯粹的形式要求，我们需要用它来实施我们的视觉经验的可理解性特征。自我就是这样一种与之类似的纯粹形式的概念，但更复杂一些：它必须是一个实体，而且这个实体具有意识、知觉、合理性、从事行为的能力、组织知觉和理由的能力，以便自由地完成意愿行为。所以，尽管自我不具有经验性，它却是必不可少的。

另外，错觉论的思想受休谟的影响不仅为 20 世纪前半期的逻辑经验主义所接受，而且还进一步发展为当代心灵哲学中颇具影响力的自我理论。其代表人物包括丹尼尔·丹尼特（Daniel Dannett）、丹尼斯·魏格纳（Dennis Wegner）、托马斯·梅青格尔（Thomas Metzinger）、让-保罗·萨特（Jean-Paul Sartre）等人。在丹尼特看来，自我虽然需要加以解释，但它的存在方式并不像自然物体（甚至大脑加工过程）那样。这就像物理学上的重心，它只是一个有用的抽象概念，故而他称自我为"叙事的重心"（narrative gravity）。我们的语言讲述了自我的故事，因此我们开始相信除了单一的身体外，还存在单一的内在自我，它拥有意识、持有见解并做出决策。实际上，内在自我并不存在，存在的只是多重并行的加工过程，这些过程造成了亲切的使用者错觉（benign user illuion）。自我完全是一种虚构，是与理论上推测的实体（诸如亚原子粒子）完全不同的理论虚构，问自我实际上是什么——或者像某些神经科学家所问的——自我在哪里，这是一个范畴错误[1]。梅青格尔在其著作《自我的隧道：心智科学与自我神话》（*The Ego Tunnel*: *The Science of the Mind and the Myth of the Self*）的开篇明确指出：

> 并不存在所谓自我的事物。与大部分人所相信的相反，没有人有或曾经有过一个自我……就我们当前的知识所及，没有什么事物、没有什么看不见的实体，是我们，无论是在大脑中还是在某些超越这个

---

① Dannett, D. C. （1992）, The Self as the Center of Narrative Gravity, In F. S. Kessel, P. M. Cole & D. L. Johnson（Eds.）, *Self and Consciousness*: *Multiple Perspectives*, Hillsdale, N. J.: Lawrence Erlbaum, pp. 103-115.

世界的形而上领域。①

简言之，在梅青格尔看来，自我只不过是脑中的各种亚系统和模块相互作用而创造的一种错觉。对此，萨特则是通过拒绝统一性的超验原则的推论来对自我的实体论主张进行回应的。萨特认为意识流的本性不需要一种外在的个体化原则，因为它本身就是被个体化了的。意识也不需要任何先验的统一化原则，因为体验流即是自身统一着的。随后他继续指出，一种对于活生生意识的无成见的现象学描述完全不会包含一个自我——作为意识中的居住者或意识的拥有者。只要我们沉浸在体验之中，经历着它，那么就不会有任何自我的出现。只有当我们对这一体验采取了一种远距离和对象化的姿态（即当我们反思时），自我才会显现②。

从前文简单的回顾中，我们可以将自我的这两派理论分别描述为认为自我是实质性地存在的事物的"实体论"立场与质疑自我的实在性将其视为错觉的"错觉论"立场。然而，无论是实体论还是错觉论似乎都面临着一些它们的理论主张无法圆满解释的困境。根据第一种观点，自我是一个事物或实体有其自身的固有存在，它是一个人的本质，它的持续存在是一个人持续存在所必需的。根据这种观点原则上只有两种可能：自我和身体以及感受、知觉、有意识的觉知等心理状态是一样的；或者自我和身体以及各种心理状态是不一样的。但是，不管是哪种可能似乎都不可行。一方面，如果自我和构成一个人的生理、心理状态一样的话，那么自我会一直不断地变化，因为这些状态是不断变化的。心理状态会出现也会离开，会产生也会停止，如果自我和这些状态的集合或一些特殊的心理状态等同的话，自我也会出现、离开、也会产生、停止。换言之，自我将不再是一个真实的会从此时到彼时都保持不变的并成为会被我们称为"我"或"你"的事物。另一方面，如果自我和身体还有心理状态不一样，是一种有着其自身独特的、分离的、存在的事物，那么自我便不能拥有任何身体和心理状态的属性。但是，不拥有任何我的特征的事物怎么能够成为

---

① Metzinger, T. (2009), The Ego Tunnel: The Science of the Mind and the Myth of the Self, New York: Basic Books, p. 1.

② D. 扎哈维：《主体性和自身性：对第一人称视角的探究》，蔡文菁译，上海译文出版社2008年版，第127页。

我呢？发生在我心智和身上的事情怎么能和发生在我身体上的事情不一样呢？并且，我又如何能够知道这种自我以及为何我要在乎它呢？①

然而，主张自我根本不存在或自我的存在是一种错觉的理论，似乎也面临着无法自圆其说的困境。他们认为如果自我存在，那么它应该是一个独立的真实的事物或看不见的实体，然而我们并无法从大脑中找到这样的事物或实体，因此独立的真实的自我并不存在，我们的自我感也因此是大脑所创造出的错觉。但是我们中的大多数都相信并能感受自己的同一性（identity）：我们有人格、记忆和回忆，我们有计划和期待，所有这些似乎都凝结在一种连贯的视点中，凝结于一个中心，由此我们面向世界，立基于其上。如果不是植根于一个单独的、独立的、真实存在的自我，这样的视点怎么可能存在呢？②并且，我们还可以看到的是，自我的错觉论的怀疑是建立在如果自我存在那么它将是一个独立的真实的事物这样一个预先设定的相当具体的自我的概念之上，问题是，自我究竟是什么这一点是否已经明晰了呢？③错觉论的主张似乎只是论证了一种单一的、独立的、实质性的自我的不存在。并且，通过自我与经验的关系来彻底否定自我的错觉论也是不成立的。其一，作为其根基的经验主义并不成立。无论是传统的错觉论还是当代的错觉论，其根基均在于经验主义。遗憾的是，实在性的这种经验主义标准是不能成立的。如果把这种"凡是不能被经验的就是虚幻的"经验主义贯彻到底，我们要否定的不仅是自我的存在，而且要否定感觉以外的一切。那么最终我们必定会陷于"唯感觉论"的泥潭，所得出的只能是贝克莱的"存在就是被感知"的荒谬结论。其二，这种理论本身也难以自圆其说。如果同这种理论断定的那样，所存在的仅仅是感觉，那么为什么所有正常的人却都不可避免地伴随着感觉产生这种自我的"错觉"？进而，既然人人都伴随着感觉产生这种错觉，那么这种错觉又是如何形成的呢？④

---

① Thompson, E. (2014), *Waking, Dreaming, Being: Self and Consciousness in Neuroscience, Meditation and Philosophy*, New York: Columbia University Press, pp. 319-320.

② F. 瓦雷拉、E. 汤普森、E. 罗施：《具身心智：认知科学和人类经验》，李恒威、李恒熙、王球、于霞译，浙江大学出版社 2010 年版，第 47 页。

③ D. 扎哈维：《主体性和自身性：对第一人称视角的探究》，蔡文菁译，上海译文出版社 2008 年版，第 130 页。

④ 刘高岑：《当代心智哲学的自我理论探析》，《哲学动态》2009 年第 9 期。

二　中观论与建构论

面对实体论和错觉论的困境，部分哲学家开始诉诸中观论的立场，既不赞同实体论的主张，同时也拒绝错觉论的观点。这一主张最早可追溯至中观派创始人龙树（Nagarjuna）的观点。龙树指出：

> 如果自我和它所依赖的那些条件一样，它会和这些条件一样存在和逝去；但是如果自我和它所依赖的那些条件不一样，它便不能拥有任何那些条件的特征。①

佛教认为世间一切事物都是由色、受、想、行、识五蕴和合而成，人的生命和体验亦是如此。五蕴分别对应于物质形式（material form）、感受（feeling）、知觉/认知（perception/cognition）、倾向（inclination/volition）以及意识（consciousness）。五蕴中的第一蕴被认为是基于身体层面或物质层面的；其他四蕴则是心智层面的。这五蕴构成了心色法（psychophysical complex），这个心色法组成了人，也形成了经验的每一瞬间②。龙树通过五蕴向有一个固有的存在的自我的观点提出了一个两难问题：一方面，如果自我就是五蕴，它将会和属性一样产生和停止；如果自我不同于五蕴，它将不会有任何五蕴的特征③。换言之，如果自我和五蕴或者其中的某些等同的话，那么自我将会不断地变化、产生和停止，正如形式、感受、认知、倾向以及感官和心理觉知一样是不断地产生和停止的。但正是由于五蕴的不断变化，它们是不可能构成一个有着独立存在并且从此时到彼时始终能保持不变的自我。另一方面，如果自我是某些有别于五蕴的事物，那么它将不能拥有任何五蕴的特征——无论是体验形式、感受、认知、倾向还是意识，那么这样的一个自我将会从所有体验中被移除并且是完全不可知的。

---

① Thompson, E. (2014), *Waking, Dreaming, Being: Self and Consciousness in Neuroscience, Meditation and Philosophy*, New York: Columbia University Press, p. 319.

② F. 瓦雷拉、E. 汤普森、E. 罗施：《具身心智：认知科学和人类经验》，李恒威、李恒熙、王球、于霞译，浙江大学出版社 2010 年版，第 51 页。

③ Garfield, J. (1995), *The Fundamental Wisdom of the Middle Way: Nāgārjuna's Mūlamadhyamakakārikā*, Oxford: Oxford University Press, p. 245.

但是，龙树也不是一位虚无主义者，因为正如哲学家杰伊·加菲尔德（Jay Garfield）所指出的："龙树并没有说不存在五蕴或不存在个人、自主体或主体，他所采用的反证法的假设是'我'或者一个恰当的名字所表示的现象构成的之下或之上有一个这一术语所指称的单一的实质性的实体。"尽管，代词"我"是有意义的，但是它并不是通过指向一个独立的真实的或固有的存在的自我而获得其意义的。龙树在批判两种极端立场的基础上提出了自我是相依缘起的（dependently co-arisen）主张，指出我们每天的自我（everyday self）不是必须或者基于一些独立的实在或者就完全不存在。实际上，自我既不是一个真实的、独立的事物，也不是完全不存在的事物，即自我既不等于身体也不等于心智状态，它是在活着（living）的过程中被产生（brought forth）或生成的（enacted）①。

埃文·汤普森（Evan Thompson）继承了龙树的主张，并在此基础上提出了自我是在过程中被建构出来的观点。尽管承认自我的存在，但他否认这样一种认为自我是一种实质性的真实的事物或实体的假设。他认为我们通常或日常的自我概念是体验主体和动作自主体的概念，而不是人的内在和实质性本质的概念。并且，当我们仔细观察在我们个人的和共同的体验世界中我们将自我的概念应用于其中的事物时，我们并没有发现任何固有的事物或独立的实体，我们发现的是相互联系的过程的集合。这些过程有些是身体的或生理的，有些是精神的或心理的，但所有的这些过程都是"相依缘起"的，也就是说，每一个的产生和停止都是根据一系列相互依赖的原因和条件的。汤普森进而提出了自我的生成进路（enactive approach）。他借用了印度哲学中"我是"（I am）的概念，并将其称为我相（I-making），即成为一个"我"的感觉。这个"我"在时间上是持续的，是思维的思想者（thinker of thoughts）、行动的执行者（doer of deeds）。汤普森提出了自我是我持续进行着（I-ing）的主张，这是一个正在进行着的过程，这一过程生成了一个"我"，并且在这个过程中"我"和过程本身没有什么不同。

汤普森所采用的理论工具是"自我指定系统"（self-specifying system）这一概念。一个自我指定系统就是一些过程的集合，这些过程相互说明彼

---

① Thompson, E. (2014), *Waking, Dreaming, Being: Self and Consciousness in Neuroscience, Meditation and Philosophy*, New York: Columbia University Press, p. 324.

此从而在整体上构成了一个有别于环境的自我持存（self-perpetuating）的系统。例如一个活着的细胞就是一系列化学过程的集合，这些过程相互产生彼此从而构成了整体上自我持存的有别于环境的细胞。换言之，这些组成一个细胞的化学过程生成或产生了一种自我/非我的区别。细胞是有其独特性的"自我"，是和环境或"非我"不一样的事物。然而自我指定系统只能完成基础的将一个系统区别于他者的任务，从初级的自我指定系统到完备的（full-fledged）我相系统——一个有着历时不变的我是思维的思想者和行动的执行者的感觉的系统，还需要一个至关重要的成分，即"自我标明系统"（self-designating system）。自我标明系统能基于不断变化的身心状态在概念上指定它自己为一个自我①。自我正是在这些自我指定和自我标明的系统中生成的，因而它不是某个独立的事物或实体，而是作为一个过程被建构出来的。

汤普森最后总结性地指出，尽管有些错觉也是建构的事物，但并非所有建构的事物都是错觉：

> 自我就像是镜中的对象。镜像的存在依赖于镜子，镜子是镜像的基础，但镜像并不等同于镜子，也不是由构成镜子的质料所构成。正如镜像的存在依赖于观察者，但它并不是主观的错觉。自我也是如此，尽管依赖于心智，同样也不是主观的错觉。然而，自我所表现出来的方式却涉及错觉。不是我们之前所谈论的不存在自我或者自我的表现只是一种错觉，而是自我表现得好像是一个独立的存在是一种错觉，正如镜像表现得像是真的存在于镜子中是一种错觉。②

毫无疑问，自我是一个真实的现象，即便没有意识，也依然存在自创生系统所刻画的生命自我③。然而像细胞这样的生命自我既感觉不到自己也不知道自己——自我存在，自我感还没有形成，更谈不上个体的历史同一感④。而在一个人有意识的每一刻，自我感始终存在，由自我感所显示

---

① Thompson, E. (2014), *Waking, Dreaming, Being: Self and Consciousness in Neuroscience, Meditation and Philosophy*, New York: Columbia University Press, pp. 331-332.

② Ibid., pp. 356-366.

③ 李恒威：《意向性的起源：同一性，自创生和意义》，《哲学研究》2007 年第 10 期。

④ 李恒威：《意识：从自我到自我感》，浙江大学出版社 2011 年版，第 57 页。

的那个"我"始终在场。正如意识研究中最有影响力的神经科学家安东尼奥·达马西奥（Antonio Damasio）所言，在我的意识生活中，存在着一个持久却静默和微妙的自我在场，只要我是有意识的，这一在场就永远不会失效。一旦它缺失了，那么也就不再有一个自我了。自我问题的复杂性并不在于是否存在自我感和自我，而在于人们对于自我存在方式的困惑①。没有意识，生命机体就不会禀赋自我感，而没有自我感则表明生命集体也没有意识。自我感和意识是同在的，它们是等值的。意识并非独石一块，意识是有层级的。区分一种简单、基础的意识类型和一类更复杂的意识在达马西奥看来是合理的，他将前者称为核心意识（core consciousness），而将后者称为扩展意识（extended consciousness）。核心意识具有一个单水平的构成，在有机体的生命过程中它始终保持不变。它并不独为人所有，也并不取决于常规记忆、工作记忆、推理或语言。相反，扩展意识则具有多层面的构成。它随着有机体的生命时间而发展起来，并且取决于常规记忆和工作记忆。在一些非人类中，也能够找到它的基本形式，但是仅仅在使用语言的人类中才达到它的顶峰。在达马西奥看来，这两类意识分别对应于两种自我。他将形成于核心意识的自我感称为核心自我（core self），将由扩展意识所提供的更为精细的自我感称为自传体自我（autobiographical self）②。

达马西奥指出，自传体自我是以自传体记忆为基础的，自传体记忆是由包含许多实例的内隐记忆构成的，这些实例就是个体对过去和可以预见的未来的经验。一个人的一生中那些不变的方面就成为自传体记忆的基础。自传体记忆随着生活经验的增多而不断增长，并且其中的部分也会发生改变，从而能够反映新的经验。在有必要的时候，描述同一性和个体的系统记忆就能作为一种神经模式被重新激活，并且作为表象而显现出来。每一种被重新激活的记忆都是作为一种"已知的事物"而发挥作用的，并且有产生它自己的核心意识的动向。其结果便产生了我们意识到的自传体自我③。自传体自我并不是一个事物，并不是某种固定不变的事物，而

---

① 李恒威：《意识：从自我到自我感》，浙江大学出版社 2011 年版，第 56 页。

② A. R. 达马西奥：《感受发生的一切：意识产生中的身体和情绪》，杨韶刚译，教育科学出版社 2007 年版，第 133—134 页。

③ 同上书，第 135 页。

是人们以某种确定的方式构想和组织其生活的产物。当面对"我是谁"这个问题时，我们将讲述某个故事并强调我们认为具有特殊重要性的那些方面，正是这些事物定义了我们是谁。自传体自我就是通过这种叙述被建构的。尽管自传体自我在实践层面表现出社会性本质，但是仅仅从社会实践层面研究自我问题是远远不够的，因为社会实践层面的自我、建构起来的自传体自我是以生命主体的意识和意向性为前提的①。我们要讨论自我的建构，还必须并且尤其要重视现象学上自我的概念，即体验上核心自我的概念。

在精神分裂的临床描述中我们可以看到自我失调作为一个重要成分的出现。正如闵科夫斯基（Minkowski）曾写道的："疯狂并非起源于判断、感知或意志的失调，而在于自我之最内在结构的失调。"病人常常抱怨自己丧失了某种最基本的东西。他们可能会说"我感觉不到我自己"，"我并不是我自己"，"我失去了与自己的联系"，或者"对我而言我的自我正在消失"，"我正在变得毫无人性"。患者可能会察觉到一种内在的空无、一种无法定义的"内核"的缺失、一种被削弱的在场感，或是与世界的远离以及一种初发的意义破碎。所有这些抱怨都指向一个削弱了的自我性，自我感不再自动地充实于体验之中。我们所面临的是一个在前反思层面上的体验紊乱，它比自卑感、不安全感以及不稳定的认同感更为根本②。来自神经科学研究的证据也表明了核心自我和自传体自我之间的关系。扩展意识的损伤对核心意识并无影响，而在核心意识水平上开始的损伤则会引起扩展意识的崩溃。达马西奥提供了一个因脑炎而导致额叶损伤的病人的材料。该病人记忆的时间不到一秒，他无法学习任何新的东西，并且无法回忆起许多旧的东西。事实上，他回忆不起任何特殊的事物、个人或是在他一生中发生的事件。虽然他的自传体记忆几乎丧失殆尽，而且我们一般人在任何时刻都能被建构起来的自传体自我也严重受损，但他却保留了一个对此时此地之事件和对象的核心意识，并且因而具有一个核心自我③。可见，对于统一、稳定的自我感而言，核心自我更为基础也更为

① 刘高岑：《论自我的实在基础和社会属性》，《哲学研究》2010 年第 2 期。

② D. 扎哈维：《主体性和自身性：对第一人称视角的探究》，蔡文菁译，上海译文出版社 2008 年版，第 171—172 页。

③ A. R. 达马西奥：《感受发生的一切：意识产生中的身体和情绪》，杨韶刚译，教育科学出版社 2007 年版，第 162 页。

根本。

尽管在达马西奥的自我体系中除了核心自我和自传体自我外还有更为原始的现象，那便是原始自我（proto-self）。当产生核心意识的机制在那个没有意识的前兆身上发挥作用的时候，最早期的和最简单的自我表现便出现了。原始自我是一些相关的神经模式的群集，这些神经模式一刻不停地映射有机体在许多方面的身体结构的状态。但是达马西奥也提醒我们既不要把原始自我和丰富的自我感相混淆，也不要把原始自我与古老的神经病学中的那个刻板的小矮人相混淆。一方面，我们当前的认识活动在这一刻主要关注的就是自我感，我们不会意识到原始自我，因为语言并不是原始自我结构的一部分，所以原始自我并没有知觉的力量，也不拥有任何知识。另一方面，原始自我并不是只在一个地方出现，这种不停地被保存下来的第一次收集的神经模式并不是只在一个脑区出现，而是在许多地方出现，在多种层次上，从脑干到大脑皮层，在被神经通路相互联结的结构中出现的。此外，原始自我并不能用于解释一切，它只是它所处的每一个方面的一个参照点①。神经映射机制显然是有机体迈向自我感的关键一步，但还不是最后一步。当有机体与客体作用，在建构客体意象的同时，有机体的身体状态也被建构客体意象的过程改变了。当有机体的神经系统再次映射这个被客体意象的建构活动所改变的身体状态，并在此映射的同时将客体意象加强且突出地显示在这个映射过程中时，达马西奥认为知道和自我感就在这个组合的映射中出现了。这个与客体发生交互作用时被客体改变的原始自我的再次映射被他称为核心自我②。

综上，我们可以看到，达马西奥同样秉持自我是不断建构的观点。从神经生物学的角度看，传统上那个作为自我代理者的小矮人（homunculus）是不存在的。首先，在由自体平衡实现的生命调节系统中，不存在一个绝对的中央控制单元来协调、控制和制造各种身体的反应。其次，作为身体状态映射的原始自我和作为蕴含客体模式的身体状态的二阶映射的核心自我都依赖于身体状态提供的基础参照。最后，在自传体自我

①　A. R. 达马西奥：《感受发生的一切：意识产生中的身体和情绪》，杨韶刚译，教育科学出版社 2007 年版，第 154 页。

②　李恒威、董达：《演化中的意识机制——达马西奥的意识观》，《哲学研究》2015 年第12 期。

那里，人们的确感到他们有一个相对稳定的一致的视角，但这个视角不是因为有一个好像实体一样的最高的知情者、监控者和所有者，而是因为记忆将每一时刻的核心自我连接起来的能力，以及社会在确定个体同一性时所依赖的一个根本原则——"一个身体，一个自我"。既然身体在有机体与客体交互作用的每一时刻被改变、被重建，那么始终以身体为参照的自我——无论是自体平衡的自我、原始自我、核心自我还是自传体自我——必然处在不断的建构中①。

可见，对自我的理解，我们不应该仅根据常识体验简单地假设大脑"中央司令部"的存在，也不能只因为无法定位这一司令部而因此认为自我就是一种错觉。更有建设性的做法应该是将自我视为有层级的系统，将其理解为过程而非实体，从自我的最基本的层面出发，即从与自我密不可分的身体出发，来探究身体过程（bodily processes）如何有助于（contribute to）自我的生成与建构②。因为几乎所有关于自我的讨论都是从以下这两个基本问题出发的：1. 是否每一种有意识的体验的特征都是自我感，或者这些体验其实是缺少这种特征的？2. 自我感是否带来自我的实在性，或者是否自我可能就是一种错觉，尽管这两个问题前者是现象学的而后者是形而上学的，但是往往对于这两个问题，通常答案是一样的。无论是自我的实体论者还是错觉论者，双方都认同的是，对于自我存在性的形而上学问题的回答的前提是对关于体验如何被构造的现象学问题的回答。就此而言，我们可以说，现象学被认为主导着形而上学③。

在意识问题的研究中，人们已经认识到的一个普遍存在但研究者往往又很容易犯的一个错误："大量对于意识的定义总是从关于其本性的某个理论开始的，而不是从意识现象本身的现象学开始的。这就好比是把马车置于马之前。"④ 意识经验的具身特征在梅洛-庞蒂（Merleau-Ponty）的知

---

① 李恒威、董达：《演化中的意识机制——达马西奥的意识观》，《哲学研究》2015 年第 12 期。

② Gallagher, S. (2011), Introduction: a Diversity of Selves, In S. Gallagher (Eds.), *The Oxford Handbook of the Self*, New York: Oxford University Press, pp. 1-29.

③ Henry, A., Thompson, E. (2011), Witnessing from Here: Self-awareness from a Bodily Versus Embodied Perspective, in S. Gallagher (Eds.), *The Oxford Handbook of the Self*, New York: Oxford University Press, pp. 228-249.

④ Velmans, M. (2009), *Understanding Consciousness*, London: Routledge, p. 7.

觉现象学中有着清晰的阐释。梅洛-庞蒂指出意识的本质不是"我思"，而是"我能"。意识活动对事物的指涉并非借助对事物客观和确切特征的表征，而是按照某种受某人身体影响的情境性运动目标来完成的。例如，取一个茶杯来喝水，我们并非借助茶杯在空间中的客观定位来完成这个动作的，而是借助其与我们的手的自我中心关系来实现的①。这强烈地暗示意识和自我并非寓居于我们的大脑之中，而是分布式地融贯和延展于那些我们借助活生生的身体参与世界的结构与行为之中。具身就是一种在环境中生成的身体感，它确保我们能够捕获最原初的自我感。因此，自我问题的研究想要取得突破也必须重视自我本身的现象学问题，正如维多利奥·加勒斯（Vittorio Gallese）所说："未来的神经科学研究必须更多地聚焦于第一人称的人类经验。"② 而这一第一人称的人类经验首先应该聚焦于身体的自我。

---

① 陈巍、郭本禹：《具身-生成的意识经验：神经现象学的透视》，《华东师范大学学报》（教育科学版）2012 年第 3 期。

② Gallese, V.（2011），Neuroscience and Phenomenology, *Phenomenology & Mind*, 1, pp. 33-48.

第二章

重回身体自我

如前文所述，自我的本性必然涉及无意识的生命自我、前反思的自我感，以及反思意识的自传体自我。对于生命自我，无疑诸如主体、第一人称视角、感知、反应、行为、趋向、回避、意向性等描述任何主体特性的术语也适用于它，然而，无意识的生命自我并没有意识所赋予的自我感。而反思意识的自传体自我，它所涉及的不仅关系到我们如何理解自我，更多地还会涉及我们如何理解社会和文化语境中的自我。弗朗西斯科·瓦雷拉（Francisco Varela）指出，认知依赖于经验的种类，这些经验来自具有各种感知运动的身体；而这些个体的感知运动能力自身又内含在一个更广泛的生物、心理和文化的情境中，这是我们在使用具身一词时意在突出的两点：一是关于心智嵌入身体，二是关于身体嵌入情境与社会。如果要考察二，必须先考察一①。因此，我们想要了解自我，比较合理的一种方式是重视拥有自我感的身体自我，以此为基础来探讨我们似乎时刻如影随形的统一的相对稳定的自我感。

一　稳定性的需要

当我们作为一个认知的主体将注意力集中在外部对象上的时候，我们会形成对外界的认知，而当我们将注意力转向内部集中在自己身上的时候，我们将会形成对自己的认知。显然，对于外界的认知会随着外部对象的变化而发生相应的变化。但是对于自我的认知或者说我们的自我感，一方面，我们总是能够强烈而真实地感受到自己的同一性："现在的自我就

---

① F. 瓦雷拉、E. 汤普森、E. 罗施：《具身心智：认知科学和人类经验》，李恒威、李恒熙、王球、于霞译，浙江大学出版社 2010 年版，第 139 页。

是以前的自我，而且以前反省自我的那个自我，亦就是现在反省自我的这个自我。"① 另一方面，我们认识自我的基础，我们的各种无时无刻不停歇地进行着的体验，我们的看、听、闻、尝、触摸和思考，我们的高兴、生气、恐惧、疲劳、困惑和自我意识，总是变化不定，而且始终依赖于一种具体的情境。自我似乎始终是以一种矛盾的形式呈现在我们有意识的心智体验之中。

作为继笛卡儿之后的又一位对自我问题产生重要影响的哲学家，约翰·洛克（John Locke）将自我的问题定义为个人同一性问题，并试图通过"实体人"（man）和"人格者"（person）这两个不同的概念将人区分为纯生物学意义上的人和理性意义上的人。洛克认为实体人的同一性在于他的生物组织，而人格者的同一性标准则是作为记忆的意识："只有意识能使人成为他所谓的'自我'，能使此一个人同别的一切有思想的人有所区别。"可见对洛克而言，讨论个人同一性的语境中他所谈论的其实是意识，并且大部分时候他指的是记忆。更确切地说，个人的同一性标准是作为记忆的意识：

> 因此，不论什么主体，只要能意识到现在的同过去的各种行动，它就是同一的人格，而且那两种行动亦就是属于他的。假如我以同一的意识，在先前看到诺阿（Noah）的小舫和洪水，在去冬看到泰晤士河的泛滥，在现在又在这里作文，则我便会确信现在作文的我、去冬观察泰晤士河泛滥的我和以前观察洪水为祸的我，是同一的自我，不论你以为这个自我是由什么成立的。这个正如现在写此论文的我，是和昨天从事写作的我是同一的自我一样（不论所谓我是否是由同一的物质的或非物质的实体形成的）。②

但是，细想之下就可发现记忆不能是个人同一性自足的标准。其一，记忆可能有错，如果只以自己意识为参照系的话，这错甚至都没法发现。其二，一个人说他记得，实际上他却不一定就记得。其三，想象和做梦的内容一旦成为记忆后，记忆根本无法作为自我认同的唯一标准。庄生梦蝶

---

① J. 洛克：《人类理解论》（上册），关文运译，商务印书馆1997年版，第334页。
② 同上书，第341页。

的故事足以说明记忆不足为同一性标准。洛克的质疑者通过将洛克的观点概括为"如果一个人在某一时刻和另一时刻有着相同的记忆，那么这便是同一个人，只要他稍后能记得他之前所经历过的体验和所做的事情"对他的观点进行了抨击。尽管洛克提出了精神实体的学说，以说明个人各种经验性质可以历经时间而终能九九归一并聚合为一个空间的领域。但是，按照洛克的经验主义理论，我们只能限于事物的性质，而不可能对实体有任何认识。但如果无论感觉还是内省都不能认识实体于万一，那么精神实体又如何能作为同一性的标准？此外，如果记忆是同一性的唯一标准，它与作为人格存在论基础的实体又是什么关系？事实上，经验地诉诸记忆或实体都无法令人满意地说明自我同一性问题①。显然我们需要某种事物来保证自我最终所表现出的这种同一、稳定的特性。

一个名为"传送门"的思想实验或许可以帮助我们来思考我们对于同一性的感受。想象你现在有机会进行一次免费的旅行，去任何你想去的地方，而且不需要经历长时间的旅途劳累，通过一个简单的传送门便可以实现。你需要做的只是进入一个小房间，那里有一个特殊的按钮。当你按下那个按钮的时候，你身上的每一个细胞都会被扫描并且所有的信息都会被存储。随后所有的这些信息会以光速被发送至你所选择的那个目的地，并被用于重新建构一个你的副本，和之前的那个你一模一样。面对这样的邀请，你会接受吗？② 有些人会欣然前往，如果他们认为只要大脑被完全复制他们就不会注意到有什么区别。也就是说他们会感到自己和之前完全一样，实际上被复制的那个自己就是和之前一样的自己。而另一些人则会断然拒绝，如果他们认为被复制的旅行不是旅游而是死亡。他们会担心自己其实已经在那个过程中死去，而被复制出来的那个人将会接替他的生活，拥有他的朋友，成为他家庭的一员，甚至是完成他未完成的工作，但是即便如此，这也依然不是他。尽管做出两种不同选择的人显然会持有截然不同的对于自我本质问题的立场，但是不管是做出何种选择的人，有一点是肯定的，他们都会承认并且重视自我的个人同一性的存在。

---

① 张汝伦：《自我的困境—— 近代主体性形而上学之反思与批判》，《复旦学报》（社会科学版）1998 年第 1 期。

② Blackmore, S. (2004), *Consciousness: An Introduction*, New York: Oxford University Press, p. 111.

心理发展层面对自我的同一性开展的一些研究会更有助于我们理解稳定性的需要。心理学家爱利克·埃里克森（Erik Erikson）提出的人格的社会心理发展理论中把心理的发展划分为八个阶段，指出每一个阶段的特殊社会心理任务，并认为每一阶段都有一个特殊矛盾，矛盾的顺利解决是人格健康发展的前提。在这八个阶段中，青少年时期的一个核心问题便是自我同一性的发展，它将为成人期奠定坚实的基础。同一性并不是在青少年时期才出现的，早在幼年时期，儿童已经形成了自我感知。但是，青少年时期却是个体第一次有意识地回答"我是谁"的问题。拥有可靠和整合的特性的个体被认为是达到同一性的；而无法建立稳定和统一特性的个体将会面临角色混乱①，稳定的同一性之于我们的意义可见一斑。

随着当代科学研究方法在各领域的广泛应用，同时也得益于认知科学和神经科学的新发现，我们拥有了更多对此问题进行探讨的科学证据。达马西奥提出这样一种可能性②，即从生物学上讲，我们称之为自我的这一部分心灵建立在一系列非意识（non conscious）的神经模式基础之上，这些神经模式代表我们成为身体本身的有机体的一部分。在探查自我（从简单的核心自我到精心加工的自传式自我）加工的生物学根源的时候，达马西奥通过考虑它们的共同特点而作为开端。他认为，稳定性是最重要的一点。因为随着时间的延续，一个有一定界限的、单一的个体总是会发生改变，但不管如何，它似乎又保持不变。所谓稳定性，达马西奥强调，不是说无论以什么形式，自我都是一个不可改变的认知实体或神经实体，而是相反，自我必须具有相当大程度的结构不变性，这样它才能在长时间内保持关联的持续性。关联的持续性实际上就是自我需要提供的事物。

用神经学和认知的术语来讲，自传体记忆和没有意识的原始自我，以及与每一个生活瞬间所必然出现的、有意识的核心自我有着结构上的联系。一边是核心意识的持续过程，永无休止的短暂瞬间；另一边是与一些独特的历史事实以及一个人的一致特点有关的、越来越

① J. 布朗、M. 布朗：《自我》，王伟平、陈浩莺译，彭凯平校，人民邮电出版社 2004 年版，第 79 页。

② A. R. 达马西奥：《感受发生的一切：意识产生中的身体和情绪》，杨韶刚译，教育科学出版社 2007 年版，第 133—134 页。

多地建立起来的坚如磐石的记忆，这种联系在这两者之间建造了一座桥梁。[①]

保持相对稳定性是所有加工水平都要求的，从最简短的加工到最复杂的加工。当我们把空间中的各种客体联系在一起的时候，或者当我们始终一致地以某种方式对某些情境做出情绪反应的时候，就一定会有稳定性。在复杂的观念水平上也具有稳定性。当我说"我改变了对你的看法"时，我想要表明的是，我曾经对你持有某些看法，但是现在我不再有那样的看法了。现在我的心里对你进行描述的内容，以及现在我对与之相关的行为概念都已经改变了。但是，我的自我却没有改变，至少自我的改变程度与我对你的看法发生改变的程度是不可同日而语的。相对稳定性是对关联持续性的支持，因此是自我所必需的。我们对自我的生物学基础的寻求必须要能够提供对这种稳定性结构的确认。

二　身体表征的意义

首先，从生理学层面而言，我们的身体具有相当程度的稳定性。尽管婴儿期和青春期人的身体会发生较大的变化，然而总体而言，在人的一生的发展过程中，身体的构造大体上是保持不变的，并且身体的操作活动也具有明显的稳定性。尤其是到成年期之后，身体的整个布局，包括基本的系统和器官，不仅对同一个人而言是基本保持稳定的，而且对不同的人而言这些结构相互之间也是高度一致的。人体的绝大多数成分所进行的操作活动很少改变或根本就没有改变。骨头、关节和肌肉如此，内脏和内部环境更是如此。此外，内脏和内环境的可能状态的范围是相当有限的。由于这些状态的范围很小，因此，这种有限性就被建构在有机体的细节内部了。容许变动的范围是如此微小，遵守这种有限性又是生存所必需的，这就使有机体从一开始就有一个自主的调节体系，以保证对生命造成威胁的偏差不会出现，或者能够得到迅速的纠正。概言之，似乎有机体天生地就带有这些装置，从而保证身体的大部分结构能够非常敏感地注意到最微小

---

① A.R. 达马西奥：《感受发生的一切：意识产生中的身体和情绪》，杨韶刚译，教育科学出版社 2007 年版，第 134 页。

的变化。这些装置通过遗传植根在每一个有机体身上的，无论有机体主观上是否想要，这些装置都会各负其责地执行并完成它们的基本工作①。

其次，从心理学层面而言，我们也能够观察到很多身体稳定性的表现。有这样一条我们特别习以为常以至于经常忽视的简单而有趣的证据便是：无论是我们自己还是我们所认识的任何一个人，我们都有一个身体的自我，而与此相对应的有一个心理的自我。读过《爱丽丝漫游仙境》(Alice in Wonderland) 的朋友们可能还记得爱丽丝有一次误入兔子洞，将贴有"喝我"标签的瓶子中的液体一饮而尽，将贴有"吃我"标签的盒子中的蛋糕一扫而空之后，仙境中的爱丽丝开始体验各种奇怪的症状。她发现了一把金钥匙，并用它打开了一扇通向花园的门，花园里没有一件东西是看上去那么简单的。那儿有一只消失后只留下笑脸的柴郡猫。"哎哟，我常常看见没有笑脸的猫，可是还从没见过没有猫的笑脸呢。这是我见过的最奇怪的事儿了！"爱丽丝禁不住发出如此的感慨②。可见，即便是在童话故事中，没有身体的表情也是令人难以置信的。尽管早期某些哲学家乃至当代某些宗教思想中认为人的心灵可以独立于身体而存在，认为灵魂、精神是没有重量没有颜色的东西。然而实际上谁也不曾见过没有身体的人，同时也没有任何迹象表明这些没有重量没有颜色的灵魂曾经存在过。简单而言，我们的日常经历告诉我们的便是这样一种简单的对应关系：一个人，一个身体；一个心灵，一个身体③。就像爱丽丝从来没有见过没有猫的笑脸，我们也从来没有见过没有身体的人。此外，我们也没有见过两个身体的人。

然而对于这种身体和人之间的一一对应，我们可能会问：有没有一个身体的两个人呢？连体婴儿（siamese twins）属于一个身体的两个人吗？尽管从连体婴儿的例子中我们或许可以看到，他们的腰部是连在一起的，他们或许共享相同的皮肤以及部分的内脏，但是他们所表现出来的是每一位事实上都认为自己是一个独立的"我"——一个独立的自主体

---

① A. R. 达马西奥：《感受发生的一切：意识产生中的身体和情绪》，杨韶刚译，教育科学出版社 2007 年版，第 109—113 页。

② N. 汉弗莱：《一个心智的历史：意识的起源和演化》，李恒威、张静译，浙江大学出版社 2015 年版，第 60 页。

③ A. R. 达马西奥：《感受发生的一切：意识产生中的身体和情绪》，杨韶刚译，教育科学出版社 2007 年版，第 110 页。

（agency），他们以自己独立的声音说话并且有他们自己的思想和感受等。甚至在法律上，双胞胎中的每一位都会被认为是一个独立的个体，具有个人财产所有权的权利。如 20 世纪著名的女性连体双胞胎，比登登姐妹（the Maids of Biddenden），她们有各自独立的丈夫、独立的孩子，并且在她们死之前还立下了独立的遗嘱①。显然我们会认为这是两个不同的人。但是我们应该注意到的是，连体双胞胎中的每一位都会自信地宣称连在一起的身体的某些特定部分是他而不是他的双胞胎兄弟的。儿童心理学家丹尼尔·斯坦（Daniel Stern）描述过这样一个实验。爱丽丝（Alice）和贝蒂（Betty）是两个 4 个月大的连体女婴，她们在肚子的位置面对面地连在一起，因此她们总是会面对着彼此。于是经常出现的情况是，一个人最后会吮吸另一个人的手指，反之亦如此。假设正在吮吸的双胞胎的一人享受这个活动并想让这个活动继续，斯坦的问题是：如果这条手臂被拉开，她知道该如何做出反应吗？她知道她正在吮吸谁的手指吗？当爱丽丝正在吮吸一只手指的时候，斯坦轻轻地把这条手臂拉开并静静地观察会发生什么。他发现，如果在爱丽丝嘴里的正是爱丽丝自己的手指时，爱丽丝的手臂会反抗；而如果在爱丽丝嘴里的是贝蒂的手指时，贝蒂的手臂不会反抗，并且爱丽丝另外一只手臂也不会紧张。显然，爱丽丝无疑是知道她们结合在一起的身体的哪些部分是受她的控制的，即会被她认为是属于她的，哪些部分是不受她控制的，即会被认为是不属于她的②。可见，即便是连体婴儿的例子也不能驳倒一个身体一个人的对应关系。

那么，病理性的多重人格或称离性身份识别障碍（dissociative identity disorder）的患者属于一个身体的两个人或多个人吗？1887 年 1 月 17 日，一位名叫安塞尔·伯恩（Ansel Bourne）的传教士走入美国罗得岛州（Rhode Island）普罗维登斯（Providence）的一家银行提取了 551 美元的现金，随后上了一辆前往波塔基特（Pawtucket）的马车。不仅当天他没有回家，而且在此后的两个月内也没有任何关于他的消息传出。当地的媒体称他失踪了，并且警方也未能找到他。与此同时，在伯恩消失的两个星期之后，一位名叫伯朗先生（Mr. Brown）的人在宾夕法尼亚州的一个小

---

① N. 汉弗莱：《一个心智的历史：意识的起源和演化》，李恒威、张静译，浙江大学出版社 2015 年版，第 124 页。

② Stern, D. (1985), *The Interpersonal World of the Infant*, New York：Basic Books, p. 78.

镇租了一个小商铺，在其中存放包括文具、糖果糕点、水果，以及其他小件物品在内的各种杂货，并开始进行简单的贸易活动。据邻居们反映，其间他去过好几次费城（Philadelphia）进行商品补给采购。平日里就在小商铺的后面做饭、睡觉，正常地定期去教堂，他是个安静的、有条理的，但绝对不可能是一个奇怪的人（in no way queer）。然而，就在 3 月 14 日早上的 5 点钟，伯朗先生被一声可怕的爆炸声惊醒后发现他自己正躺在一张不熟悉的床上，同时觉得自己非常虚弱，好像被人下药了一样。他请房间里前来探望他的其他人告诉他在哪里并且声称自己的名字是安塞尔·伯恩。他对于自己所在的这个小镇和之前伯朗先生所进行的小买卖一无所知，他所能记得的最后一件事情就是从普罗维登斯的银行里取了一点钱出来。他不相信两个月就这么过去了。邻居们认为他疯了，甚至是医生一开始也如此认为。幸运的是，邻居们还是如他所要求的给他远在普罗维登斯的侄子打了电话问他是否认识伯恩，对方回答："他是我的叔叔。"于是伯恩被接回了家中。三年后的 1890 年，威廉·詹姆斯（William James）和理查德·霍奇森（Richard Hodgson）想到了这样一个方法：如果伯恩可以被催眠的话，他们或许就有可能接触到那个被分离的人格并找出在伯恩消失而伯朗先生又尚未出现的两个星期内到底发生了什么。詹姆斯成功地使伯恩进入了催眠状态，在其中伯朗先生再次出现并且能够描述他在那两个不为人知的星期中曾经的旅途以及他所逗留过的地方。在这种状态下，伯朗似乎无法觉知到任何和伯恩的联系，也不能记起任何伯恩的生活。然而，最终，詹姆斯和霍奇森试图将这两种人格统一起来的努力却始终未能成功①。但是即便如此，我们也并不认为多重人格的例子违背了上述一个身体一个人的关系。因为在每一个确定的时间内，在许多同一性之中，只有其中的一种能够使用身体来思考和行动，每次只有一种同一性获得足够的控制，成为一个人和表现自己，或者更加确切地说，表现它的自我。并且人们并不认为多重人格是正常的，这个事实也反映了一种普遍的看法，即一个身体伴随着一个自我。此外，没有身体就绝对没有心灵，更不用说

① Blackmore, S.（2004），*Consciousness：An Introduction*，New York：Oxford University Press，pp. 97-98.

自我了①。

因此，身体也就当之无愧地成了当我们在我们的脑世界这个变化的宇宙中寻找一个稳定性的港湾时的首选目标了。正如达马西奥说：

> 以身体作为人的稳定性表征的基础，我们所能做的和需要做的就是考虑一下这些使生命得到控制的调节装置，联通描绘生命状态的内环境、内脏和肌肉与骨骼框架的这个整合的神经表征。内环境、内脏和肌肉骨骼框架会产生一种动态的但范围狭窄的持续表征，而我们周围的世界却发生着显著的、深刻的，而且常常是不可预测的变化。脑使一个变化范围内有限的实体——即身体——的动态表征随时发挥作用。②

此外，我们的身体除了上述的稳定性之外，就生物学的视角而言，它又是处于不断地发展变化中的。它在细胞和分子的水平上总是持续不断地进行着重新建构。我们不仅仅在生命终结的时候不是永恒持久的，而且在我们的有生之年，我们身体的大部分部件也是要消亡的，不断地被其他非永久性的部分所取代。生与死的循环在一生中要重复无数次——我们的身体中有些细胞只能存活短短的一个星期，大多数细胞不会超过一年。没有任何成分能长时间地保持不变，构成我们今天身体的大多数细胞和组织都已经不同于我们上大学时所具有的细胞和组织了。当我们发现自己是由什么组成的以及是如何组织在一起的时候，就会发现一个永不停息地建造和拆除的过程。我们会认识到，生命就是受这种永不停息的过程支配的③。身体既稳定又不断变化的特性和我们试图对之一探究竟的自我是如此之相似。一方面，自我是稳定的，在不同的时间和不一样的情境内，我们似乎都会有一种我是经历这些不同的那个相同的人的感受。但是另一方面，自我存在所必不可少的各种体验又是处于不断的变化之中的。身体的这种稳定性和一刻不停地建构性便是为什么我们能够并且需要通过身体表征来理

---

① A. R. 达马西奥：《感受发生的一切：意识产生中的身体和情绪》，杨韶刚译，教育科学出版社 2007 年版，第 111 页。

② 同上书，第 110 页。

③ 同上书，第 112 页。

解自我的一个重要原因。

三　具身自我

无论我们在做什么或思考什么，显而易见的是我们几乎不可避免地要进行身体加工。如果没有这种具身性（embodiment），心智可能就无法被观察到，而相应的自我感也就无从产生。从发生和起源的观点看，心智和认知必然以一个在环境中的具体的身体结构和身体活动为基础，因此，最初的心智和认知是基于身体和涉及身体的，心智始终是具（体）身（体）的心智，而最初的认知则始终与具（体）身（体）的结构和活动图式内在关联。①

让我们回到演化的初期来看一下远古时代浮游在早期海洋里的类似变形虫的生物，即便是对此类最简单的生物而言，它们也有着明确的边界，即一种形态（structural）边界。这一边界至关重要。这个动物就存在于这一边界内——边界内的一切都是这个动物的一部分，都属于它，是"自我"的一部分；而边界外的一切都不是这个动物的一部分，都不属于它，是"他者"的一部分。这个边界将动物自己的物质成分保存在里面，而将世界的其余东西维持在外面。这个边界是物质、信息、能量进行交换的至关重要的边缘②。对于人类这样的复杂生命机体而言，身体便起着早期简单生物中边界的作用。每个个别的人类身体——它包含在标志着"我"与"非我"之间物理边界的物理薄膜中——在结构上、生理上以及很多方面在信息上都与世界中的其他每一个身体相隔离。"发生在我身上的事情"也就是发生在"我的具身自我身上"的事情③。

在乔治·莱考夫（Gorge Lakoff）、埃莉诺·罗施（Eleanor Rosch）、弗朗西斯科·瓦雷拉（Francisco Varela）和杰拉德·埃德尔曼（Gerald Edel-

---

①　李恒威、盛晓明：《认知的具身化》，《科学学研究》2006年第2期。

②　Humphrey, N. (2000), How to Solve the Mind-body Problem, *Journal of Consciousness Studies*, 4, pp. 5–20.

③　N. 汉弗莱：《一个心智的历史：意识的起源和演化》，李恒威、张静译，浙江大学出版社2015年版，第121页。

man）等所提出的理论中，具身性是一个相当醒目的概念①。和梅洛-庞蒂一样，瓦雷拉等人也认为西方科学文化要求我们把我们的身体既视为物理结构也视为活生生的经验的结构——简言之，既作为"外在的"也作为"内在的"，既作为生物学的也作为现象学的。具身性具有双重意义：它既包含身体作为活生生的、经验的结构，也包含身体作为认知机制的环境或语境②。所谓具身性，简单而言蕴含了这样一种思想，即心智活动不仅仅发生在"脑中"，而更多的是产生于脑、身体以及世界的动态交互作用中。具体而言，具身性的研究主要包含三个主题："概念化"（conceptualization）、"替代"（replacement）和"构成"（constitution）③。所谓"概念化"是指一个有机体身体的属性限制或约束了一个有机体能够习得的概念，即一个有机体依之来理解它周围世界的概念，取决于它身体的种类，以至于如果有机体在身体方面有差别，他们在如何理解世界方面也将不同。"替代"是指一个与环境进行交互作用的有机体的身体取代了被认为是认知核心的表征过程。因此，认知不依赖于针对符号表征的算法过程。它能在不包括表征状态的系统中发生，并且无须诉诸计算过程或表征状态就能被解释。"构成"是指在认知加工中，身体或世界扮演了一个构成的而非仅仅是因果作用的角色。那些认可"构成"假设的人相信，在一个重要的但我们必须煞费苦心来澄清的意义上，心智活动包括脑、身体和世界或者它们之间的交互作用④。

除了理论层面的探讨，我们也可以通过一些具体的实验研究来对具身性在认知中的重要作用加以认识。耶鲁大学的一项研究表明当要求对同一个想象中的中性人物进行评价的时候，不同身体状态（哪怕只是特别微小的差别）中的受试者的判断结果会出现显著的差异。41名大学生受试者分别被随机分配至两个不同的实验组中。实验组A中的学生手捧一杯热咖啡而实验组B中的学生手捧一杯冰咖啡。结果显示，A组学生将想象中的

① Damasio, A.（2008）, *Descartes' Error: Emotion, Reason and the Human Brain*, New York: Random House, p. 234.

② F. 瓦雷拉、E. 汤普森、E. 罗施：《具身心智：认知科学和人类经验》，李恒威、李恒熙、王球、于霞译，浙江大学出版社2010年版，第XVII页。

③ L. 夏皮罗：《具身认知》，李恒威、董达译，华夏出版社2014年版，第4—5页。

④ 张静：《认知科学革命中的针尖对麦芒：具身认知 vs 标准认知科学》，《科技导报》2015年第6期。

中性人物评估为热情友好的程度要显著高于 B 组学生。可见身体上不同的温暖感知会对学生对于中性人物的认知判断产生不同的影响①。国内研究者基于中文双字情绪词的研究也表明了具身性在情感认知中的影响：他们以汉语双字形容词为情绪启动材料，通过以"牙齿叼铅笔"和"嘴唇叼铅笔"两种固定铅笔的方式控制受试者面部表情使其处于"笑"与"无法笑"的两种条件下。第一个实验要求受试者在不同的表情条件下对计算机屏幕呈现的词汇进行效价的判断；第二个实验要求受试者在不同的表情条件下对计算机屏幕呈现的词汇进行颜色的判断；第三个实验则要求受试者在表情自然的条件下对词汇效价进行判断。结果表明，当对词汇进行效价判断时，笑的表情会促进受试者对积极词汇的反应同时抑制其对消极词的反应，而无法笑的表情会促进受试者对消极词汇的反应同时抑制其对积极词的反应。然而表情控制对于词汇的颜色判断没有显著影响，并且在自然表情条件下积极词汇和消极词汇的判断反应时也没有显著差异②。综合上述实验结果可见，对面部肌肉的活动进行人为的控制会对个体理解情绪产生影响，即表情控制会影响我们对情绪的认知。

对于具身性对认知的影响此处我们不再展开介绍。从上述的相关研究回顾中我们可以看到，具身性不仅对于我们认识外部对象会产生影响，同时对我们感知自己的情绪体验也会产生影响。但是此处我们最为关心的是，当我们把注意的指向进一步朝向自己的时候，这种具身性对于我们理解自我有何重要意义呢？或者说为什么必须要从具身的视角来审视自我呢？为了回答这些问题，我们首先需要考虑的是，除了通过具身，认知是否还可以通过其他途径被恰当地理解？如果不能，那么除了提出具身的重要性之外就不会有更好的理解认知的办法。这种认知必须通过具身被理解的主张可以通过知觉必须是具身的进行辩护。因为如果不存在非具身的知觉，那么至少在我们承认知觉是最基本的认知形式的这一假设的基础之上将不会有非具身的认知。因此，我们需要考虑的便是对"知觉在何种程度上是具身的？"以及"非具身的认知错在哪里？"的回答。针对这两个问

---

① Angier, N. (2010), Abstract Thoughts? The Body Takes them Literally, *The New York Times*, 159, p. 54.

② 张静、陈巍：《具身化的情绪理解研究：James-Lange 错了吗？》，《心理研究》2010 年第 1 期。

题，阿瓦·诺伊（Alva Noe）所提出的解决方案是"知觉的生成进路"（enactive approach of perception）。这一主张认为知觉是我们做的某些事情而不是发生在我们身上的某些事情。也就是说，我们的知觉过程不是被动地接受外界发生的事情，而是主动地与环境进行交互作用。世界"通过身体的运动和交互作用使其呈现在知觉者面前"。只有拥有特定身体技能的生物才能成为一个知觉者。知觉不是大脑中的一个过程而是"一种有技巧的活动"。如果知觉是由我们对身体技能的拥有和练习而构成，那么它也可能依赖于我们对那样一个能够包含或保持这种技能的身体的拥有："为了像我们一样知觉，随之而来的必然是，你必须要有一个和我们一样的身体。"①

正如达马西奥在《自我融入心智》（*Self Comes to Mind*）一书中提出的最核心的观点：身体是有意识心智的基础，没有身体就没有心智、没有意识、没有自我。无论"我是谁，我来自哪里，我去往何处"的问题会给人带来多么难解的困惑，但有一点是确定的，那就是："我"是一个身体的存在，一个由躯体和脑构成的存在。因此，达马西奥认为，要全面地理解人类心智和自我的问题就需要一个生命的视角、一个身体的视角②。换言之，理解自我必须重视个体对身体自我体验本身的直接观照。

四　最小自我

身体的自我觉知需要一种对有界性的基本体验，而在前反思的身体自我觉知的现象学概念中，除了主体性体验之外，身体和世界的区分也很重要，正是这种区分构成了基本的自我感和非我感的区分。在汤普森的建构论主张中，最基本的自我指定系统所完成的便是通过将运动指令和感官刺激相联系而获得最初的自我和他者的区别。为了方便这一问题的讨论，肖恩·加拉格尔（Shaun Gallagher）首先将自我划分为最小的自我（minimal self）和叙事的自我（narrative self），随后指出，我们对自我开展研究首

①　Cassam, Q. (2011), The Embodied Self, in S. Gallagher (eds.), *The Oxford Handbook of the Self*, New York: Oxford University Press, pp. 139–156.

②　李恒威、董达：《演化中的意识机制——达马西奥的意识观》，《哲学研究》2015 年第 12 期。

先需要寻找的是"即便在所有自我的不必要的特征都被剥离之后，我们仍然拥有一种直觉，即存在一个基本的、直接的或原始的'某物'，我们愿意将其称为'自我'。"①

　　对自我的分类加拉格尔不是最早的一位自然也不会成为最后的一位。从 19 世纪末威廉·詹姆斯开创性地将不同的自我进行分类以来，这项工作一直没有停过。詹姆斯将自我划分为物理的自我（physical self）、心理的自我（mental self）、精神的自我（spiritual self）以及本我（the ego）。乌尔里克·奈瑟儿（Ulric Neisser）指出有必要在自我的生态的（ecological）、人际的（interpersonal）、扩展的（extended）、私人的（private）以及概念的（conceptual）方面进行不同的划分。而盖伦·斯特劳森（Galen Strawson）在对来自包括哲学心理学等在内的各个学科的文献进行综述后指出关于自我除了上述的分类之外还存在大量的描述，如认知的（cognitive）、具身的（embodied）、虚构的（fictional）以及叙事的（narrative）自我。加拉格尔本人也表示之所以采用最小的自我和叙事的自我这样的二分，是因为这样能够将心智哲学的观点和认知科学的发现进行更好的结合，从而拓宽在这一问题上的哲学分析的广度②。此外，对自我从这一角度进行分类的学者也并非只有加拉格尔一人。最小的自我和叙事的自我的这种分类方法和达马西奥所进行的原始自我、核心自我以及自传体自我有着异曲同工之处。这里之所以选择加拉格尔的分类方法正如他本人所言，可以更好地将哲学分析与科学实证探索进行跨学科的结合，并且在这样的分类框架下我们也更容易进行实证的检验。

　　除了对自我进行分类外，加拉格尔同时还指出对最小自我的觉知是通过两类基本体验：拥有性的体验和自主性的体验得以调节的③，即拥有感（sense of ownership）和自主感（sense of agency）被认为是两类能够帮助我们进行有效识别身体自我的重要体验④。拥有感和自主感作为动作的属我性（mineness）的现象体验共同存在于自我作为一个自主体的非概念表

　　① Gallagher, S. (2000), Philosophical Conceptions of the Self: Implications for Cognitive Science, *Trends in Cognitive Sciences*, 4 (1), pp. 14-21.

　　② Ibid. .

　　③ Ibid. .

　　④ Christoff, K., Cosmelli, D., Legrand, D. & Thompson, E. (2011), Specifying the Self for Cognitive Neuroscience, *Trends in Cognitive Sciences*, 15 (3), pp. 104-112.

征中，并且它们在一般的自发行为的体验中是不可分割的。然而，在非自发的被动运动中，两者的分离又是显而易见的①。

（一）拥有感

所谓拥有感，是指"我"是那个正在做出某个动作或者经历某种体验的人的感觉。例如，我的身体正在移动的感觉，不管这一移动是否出于我本人的意愿。当我伸手去够一个水杯的时候，我对于伸出去的那只手是属于我身体的一部分的感觉或者我对于伸手的那个动作是属于我身体所发出动作的感觉便是拥有感。拥有感对于自我的意义在我们的日常体验中无处不在。例如，当需要判断看到的身体是否属于我时，我们最先采用的方法可能就是根据我看到的身体的某个特定部位的空间位置或典型特征等与我相应的本体感觉之间的比较来判定，即身体部位的视觉信息与我本体感觉信息之间是否匹配②。

身体拥有感指的是一个人自己身体的特殊知觉状态，正是它才使身体感觉对自己而言与众不同，即"我的身体"属于我的感受。身体拥有感赋予本体感官信号一种特殊的现象品质，并且它对于自我意识而言也是根本的：我的身体和"我"之间的关系与我的身体和其他人的身体之间的关系是不同的，与我和外部对象之间的关系也是不一样的。正如威廉·詹姆斯所言："我们对于外部对象的知觉可以从不同的视角进行，甚至这种知觉也可以暂停，但是我们对于自己身体的知觉却与此相反，对'相同的不变的身体的感受总在那儿'。"梅洛-庞蒂也写道："我自己身体的不变性在种类上是完全不一样的……它的不变性并不像世界上其他的不变性，而是就我而言的不变性。"③ 当我们发现自己是由什么组成的以及是如何组合在一起的时候，就会发现这是一个永不停息的建造和拆除的过程，然而，令人惊讶的是，我们竟然有一种自我感，我们有构成同一性的结构和功能的某种持续性，有某种我们称之为人格的稳固的行为特质，你就是

---

① 张静、李恒威：《自我表征的可塑性：基于橡胶手错觉的研究》，《心理科学》2016年第2期。

② 张静、陈巍、李恒威：《我的身体是"我"的吗？——从橡胶手错觉看自主感和拥有感》，《自然辩证法通讯》2017年第2期。

③ Tsakiris, M. (2010), My Body in the Brain: A Neurocognitive Model of Body-ownership, *Neuropsychologia*, 48 (3), pp. 703-712.

你，而我就是我①。身体拥有感的这种不变性正是我们将其视为最小的自我核心成分并加以研究的主要原因。

尽管拥有感和自主感一起构成了最小的自我的核心成分，并且拥有感本身在现象学层面上所表现出来似乎是一个中央的、统一的加工模块，然而实际上拥有感是很大程度上异构的多个功能和表征水平的复杂得多模态的现象。身体拥有感作为身体的自我表征的一种形式被认为包含三个层次的内容：非概念的感受水平（身体的知觉表征），即拥有性的感受（feeling of ownership）、概念性的判断水平（身体的命题表征），即拥有性的判断（judgment of ownership），以及元表征水平，即拥有性的元表征（meta-representation of ownership）。三个水平之间的相互联系如图 2.1 所示。

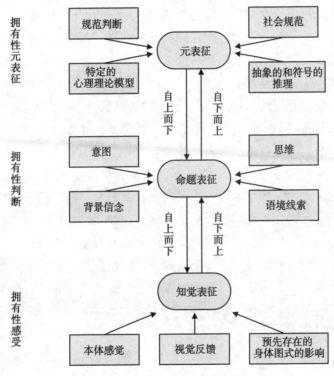

图 2.1　拥有感的层级结构②

①　A. R. 达马西奥：《感受发生的一切：意识产生中的身体和情绪》，杨韶刚译，教育科学出版社 2007 年版，第 112 页。

②　图片转摘自 Synofzik, M., Vosgerau, G. & Newen, A.（2008b），I Move, Therefore I Am: A New Theoretical Framework to Investigate Agency and Ownership, *Consciousness and Cognition*, 17（2），pp. 411–424。

1. 拥有性的感受

拥有性感受隶属于非概念的水平（non-conceptual level）。在这一基本的知觉水平上，成为某人自己身体部分拥有者的非概念的、低水平的表征导致了对拥有性的感受。即拥有性感受源于对不同感官"拥有性指示器"（ownership indicator）的多模态的评估，它既包含像本体感觉和视觉反馈等的感官输入"自下而上"（bottom-up）的限制，也包括如预先存在的内部身体意象、身体图式等的非感官成分的"自上而下"（top-down）的影响。在拥有感的形成过程的水平上，视觉和触觉之间的关联作为一个必要的条件使拥有感得以产生，而在现象内容的水平上，拥有感则是会受到源于一个人自己身体表征的影响的调节①。也就是说，对一个人自己身体非概念的表征可以建立在对本体感觉和视觉反馈的回应上，并且这种表征会和预先存在的身体进行整合。在这些拥有性指示器都一致的情况下，如果本体感觉和视觉反馈之间匹配，成为某人自己身体部分的拥有者的体验便会从有意识的加工中得以保留，并且我们会通过一种相当弥散的、连续的、和谐的、不间断的身体体验流的方式体验这种身体的拥有感；而在这些拥有性指示器不一致的情况下，如本体感觉、身体图式和视觉反馈之间不匹配，我们会将自己的身体体验为奇怪的、异常的或异己的②。尽管拥有性的感受属于非概念的、低水平的表征，但是如果没有这一水平的加工，或者这一水平的加工过程出了问题，我们对于拥有性的判断以及更高层级的拥有性的元表征将会无立足之地。正如我们在随后第三章对于病理学案例的讨论中将会提到的，拥有感的紊乱有可能存在仅有低水平的非概念表征层面的拥有性感受的失调而拥有性判断则是完好的，但是如果非概念的表征水平出了问题，以此为基础所进行的进一步的概念水平的加工便很难正常进行。

2. 拥有性的判断

拥有性判断隶属于概念的水平（conceptual level）。我们知道，在拥有

---

① Tsakiris, M. & Haggard, P. (2005b), The Rubber Hand Illusion Revisited: Visuotactile Integration and Self-attribution, *Journal of Experimental Psychology*: *Human Perception and Performance*, 31 (1), p. 80.

② Synofzik, M., Vosgerau, G. & Newen, A. (2008b), I Move, Therefore I Am: A New Theoretical Framework to Investigate Agency and Ownership, *Consciousness and Cognition*, 17 (2), pp. 411-424.

性感受水平上，本体感觉和视觉反馈之间的共同作用会促进非概念表征的形成，但在非概念的感受水平上并不存在转向外部的判断，即拥有性感受水平上只有内隐的非解释性的初级的感受。而在拥有性的判断这一水平上，成为某人自己身体部分拥有者的外显的、解释性的判断将会出现。拥有性判断源于对不同认知的拥有性指示器的评估。因此在这一水平上，对身体拥有性的非概念的感受会被概念能力和信念态度进一步加工从而形成对拥有性的一种归因。例如，不同的感官的拥有性比较器之间的不匹配会触发原始的和基本的没有成为某人身体部分拥有者的感受，或者触发一个寻求更好的解释的二级解释机制的出现，从而导致关于身体部分归属的特定的信念信息的形成，即我们或者可以继续相信自己是身体部分的拥有者，尽管存在某些不匹配之处；或者我们也可以假设是其他人或其他事物而不是我拥有这个身体部分。在身体拥有性判断的水平上，它定义了一种解释性的评估，关于成为某个人身体拥有者的觉知。如果一个外部拥有性的归因出现，那么随之而来的另一个开放式的问题便是这个动作会被归因为是谁的①。马诺斯·扎克瑞斯（Manos Tsakiris）等指出在拥有性感受和拥有性判断之间进行区分不仅有益于拥有感的神经机制的研究，而且有助于拥有感的哲学探讨以及促进其神经认知过程和神经心理学的研究②。

3. 拥有性的元表征

无论是拥有性的感受还是拥有性的判断，这两个水平都是指向主体自身的，而在拥有性的元表征这一水平上，拥有性的概念会被延伸至一些客体上，即它们客观上并不是我们身体的一部分，但在某种意义上却又可以说是属于我们身体的一部分。这种延伸的拥有性概念需要一个明确理论，因此它是依赖于背景信念和社会文化规范的制约的。至关重要的是，什么东西属于我和什么东西不属于我，在延伸的意义上，是一个社会的问题。因此，客体拥有性的充分的表征需要我将这一客体表征为属于我；其他人也将这一客体表征为属于我；并且，我们各自相互表征这些对他人的表

---

① Synofzik, M., Vosgerau, G. & Newen, A. (2008b), I Move, Therefore I Am: A New Theoretical Framework to Investigate Agency and Ownership, *Consciousness and Cognition*, 17 (2), pp. 411-424.

② Tsakiris, M., Hesse, M. D., Boy, C., Haggard, P. & Fink, G. R. (2007), Neural Signatures of Body Ownership: A Sensory Network for Bodily Self-consciousness, *Cerebral Cortex*, 17 (10), pp. 2235-2244.

征。因为后者显然是一种元表征的形式，因此我们可以说这是拥有性的元表征。以这种方式，很多东西被表征为属于我。例如，根据西方欧洲的社会规范，孩子是属于他们的父母的。但与此同时也存在一些观点认为孩子是属于整个社会的而不单单是他们的父母。关于哪部分是我的存在巨大的文化差异：例如，根据各自的规范和社会标准，我可以认为不管是我的孩子，还有我的整个家庭，甚至是我的社会同行或宗教群体，他们都是"我的一部分"。因此，一个人的身体拥有性理论只是拥有性元表征的其中一种特例——通常这种元表征会延伸至身体自我之外，即拥有性元表征的水平阐明了身体拥有感延伸自己的能力①。

鉴于本文旨在通过对最小自我的分析来阐述自我是如何建构的，因此在拥有感方面我们也将会更关注拥有性的感受和拥有性的判断。就此，身体拥有感可以被认为是当前的感官输入和身体的内部模型之间交互作用的结果。此外，在感受的水平上，还存在拥有感和自主感的区分。不仅在现象学层面上，一个主动的移动感受起来和被动的移动或者四肢没有移动的状态的感受是不一样的；而且在认知神经机制上，在拥有感的例子中，不会发生内部预测，因而也不会触发比较机制②。尽管如此，视觉的和本体感觉的输入信号以及输出的运动信号对于成为某人身体拥有者的体验依然非常重要③。即，自主感和拥有感虽然在某些条件下可以分离，但是两者依然有着密切的联系。

（二）自主感

常识经验也告诉我们，除了拥有感，我们还会根据我是否能让身体的某个特定部位受我的控制来判定，即能否让它随我的意愿而运动。同样是当我伸手去够一个水杯的时候，如果是我自己主动做出这一动作，我会有一种伸手的动作是受我自己意愿控制的感觉，即对伸手够杯子动作的自主感；而如果是别人拉着我的手去拿杯子或者我的手没有动杯子被他人移到

---

① Synofzik, M., Vosgerau, G. & Newen, A. (2008b), I Move, Therefore I Am: A New Theoretical Framework to Investigate Agency and Ownership, *Consciousness and Cognition*, 17 (2), pp. 411-424.

② Ibid..

③ Schwabe, L. & Blanke, O. (2007), Cognitive Neuroscience of Ownership and Agency, *Consciousness and Cognition*, 16 (3), pp. 661-666.

我手中时，我不再会有这种自主感。自主感在日常生活中也是无处不在。例如，当我们在商场的监控电视中看到某一酷似自己的图像但是又无法百分百确定的时候，大部分人可能都会采取的一种策略就是移动身体的某个部分，如果监控电视中的图像也随之移动，那么我们会相应地做出肯定判断，否则我们会认为自己看错了。只有当所有这些都匹配时，我才会认为这是我的手。这种体验被称为自主感①。自主感是指我是那个发起动作或者导致动作产生的人的感觉。"我"是引起某物运动，或我是在"我"的意识流中产生特定思维的那个人，但反之并不必然。例如，有人推了我一下，我会意识到动的是我的身体（拥有感），但我不会产生我是之所以动的原因的感觉（自主感）。

较之拥有感，自主感因其包含了更多的心理成分而更难界定。这里我们只关注自主感如何作为一种有助于人类进行自我识别的基本体验而存在。大量的研究表明，自主感，尤其是自主性的判断，很大程度上依赖于预测结果和实际感官结果之间的一致和不一致程度②。预测结果和实际结果之间的一致性将会导致自主感的产生，而不一致则说明动作可能是由另一个自主体所导致的。在对自主感的研究中，中央监控理论（central monitoring theory）或称比较器模型（comparator model）是当前最有影响力的解释。根据这一理论，在动作产生的同时会产生相应的输出信号（efferent signals），而当动作被执行之后又会有再输入信号（re-afferent signals），两者之间的匹配会让我们产生相应的自主感，而不匹配则会造成自主感的降低甚至缺失③④。换言之，为了实现对动作的精确控制，运动系统不仅要利用感官反馈，而且需要进行预测，并将预测的结果与实际的反馈进行比较。不一致的反馈会向运动系统发出信号指导其监控并对行为做出相应的

①　张静、李恒威：《自我表征的可塑性：基于橡胶手错觉的研究》，《心理科学》2016 年第 2 期。

②　Vosgerau, G. & Newen, A.（2007）, Thoughts, Motor Actions and the Self, *Mind & Language*, 22（1）, pp. 22-43.

③　Blakemore, S. -J., Frith, C. D. & Wolpert, D. M.（2001）, The Cerebellum is Involved in Predicting the Sensory Consequences of Action, *Neuroreport*, 12（9）, pp. 1879-1884.

④　Feinberg, I.（1978）, Efference Copy and Corollary Discharge: Implications for Thinking and Its Disorders, *Schizophrenia Bulletin*, 4（4）, p. 636.

调整①。这些输出副本机制可能就是心理上自主体验的基础。

输入输出副本的重要性不仅体现在影响自主感产生与缺失的条件下，它们同时对于区别自我和他者也有着重要的意义。中央神经系统包含一个特定的比较器系统，它能够接收运动指令的副本并将其与源于运动的感官信号进行匹配。例如，当我们在键盘上移动手指时，大脑皮层会向脑干和脊柱中的运动神经元发送运动信号，同时还会发送这些信号的副本给小脑。与此同时，小脑会收到源于肌肉、关节、肌腱等的包含手指移动信息的感官信号，通过比较关于手指位置和移动的感官信息与关于运动指令的信息，小脑使大脑能够对自我运动所导致的感官变化和环境所导致的感官变化加以区别。神经系统正是根据系统地将产生动作的运动指令（输出信号）与源于动作之行而产生的感官刺激（输入信号）相联系来实现对自我和他者的区别②③。

与拥有感类似，我们对于自主感的认识也可以而且也有必要从以下三个层次加以认识：非概念的感受水平（动作的知觉表征），即自主性的感受（feeling of agency）、概念性的判断水平（动作的命题表征），即自主性的判断（judgment of agency），以及自主性的元表征水平（meta-representation of agency），即道德责任的归因（ascription of moral responsibility）。三个水平之间的相互联系如图 2.2 所示。

1. 自主性的感受

自主性感受隶属于非概念的水平。自主性感受是通过一个逐步的、高度可塑的对不同的动作相关的知觉和运动线索的评价过程而产生的，这些线索部分是输入的（如视觉反馈、本体感觉等），部分是输出的（如动作预测、身体图式等）④。在这一水平上所习得的便是建立一种稳定的基于知觉的表征，将一个人自己的动作效果表征为他自己的。自我关系在这一

① Franklin, D. W. & Wolpert, D. M. (2011), Computational Mechanisms of Sensorimotor Control, *Neuron*, 72 (3), pp. 425-442.

② Christoff, K., Cosmelli, D., Legrand, D. & Thompson, E. (2011), Specifying the Self for Cognitive Neuroscience, *Trends in Cognitive Sciences*, 15 (3), pp. 104-112.

③ Legrand, D. & Ruby, P. (2009), What is Self-specific? Theoretical Investigation and Critical Review of Neuroimaging Results, *Psychological Review*, 116 (1), p. 252.

④ Synofzik, M., Vosgerau, G. & Newen, A. (2008a), Beyond the Comparator Model: A Multifactorial Two-step Account of Agency, *Consciousness and Cognition*, 17 (1), pp. 219-239.

水平上已经被表征了，尽管依然是以一种非概念的内隐的方式。基于对动作相关的运动和感官线索在这一水平上的评估过程，个体能够建立起一种对动作—效果（action-effect）"属我性"的稳定的表征，从而使其能够被其他非概念的认知子系统所通达。最为重要的作者身份线索（authorship cues）之一是由预设的内部比较器机制提供的。比较器比较对我们动作的感受结果的预测和动作的实际反馈。预测的和实际状态之间的一致性可能

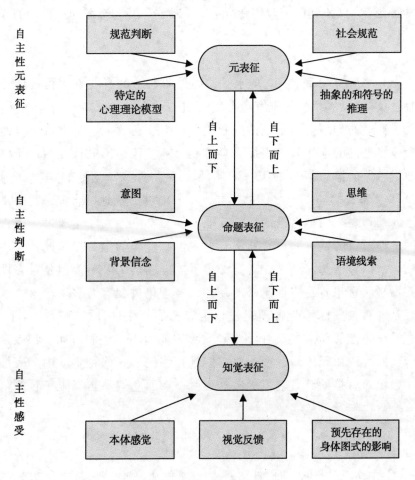

图 2.2　自主感的层级结构[1]

① 图片转摘自 Synofzik, M., Vosgerau, G. & Newen, A. (2008b), I Move, Therefore I Am: A New Theoretical Framework to Investigate Agency and Ownership, *Consciousness and Cognition*, 17 (2), pp. 411-424。

被认知系统采纳并以此登记一个感官事件为自己导致的，而不一致性可能会被认知系统采纳并以此登记一个感官事件为外部原因导致的①②③。具体而言，在自主性比较器一致的情况下，如内部表征和视觉反馈之间是匹配的，对动作的体验会被个体从进一步的加工中保留，并且我们会通过一种相当弥散的、连续的、和谐的、不间断的动作加工流的方式体验这种自我—自主性；而在自主性比较器不一致的情况下，如本体感觉、运动意图和视觉反馈之间不匹配，我们就会把一个动作体验为奇怪的、异常的或异己的④。

2. 自主性的判断

自主性判断隶属于概念的水平。如果非概念的自主性感受被认知系统通过额外的知觉能力和信念态度等进一步加工，成为自主体的概念的、解释性的判断，即自主性判断便会产生。在这一水平上所习得的是概念地将自己的动作效果表征为自己的。基于评估不同认知的、非感官运动指示器的信念信息加工，个体现在不仅能够知觉地表征"我的动作"和"非我的动作"之间的不同，而且能够命题地、合成地将一个人自己的动作表征为他自己的或是其他人的。自主性判断是通过一个合理化的过程形成的，这一过程通常有自主性感受作为输入。因此，自主性判断通常以评估感官运动作者身份指示器的输出为开始。但是自主性判断并不必然意味着自主性感受的存在，合理化过程有着多重输入，因此即便是没有自主性感受合理化过程也能工作。在自主性判断的水平上，一个系统是能够将它的动作结果和效果表征为空间中和时间上都稳定的内容，并且以命题知识的形式对它们进行编码。这些稳定的内部表征增加了系统对直接的感官输入的独立程度，从而它们不再局限于预测情境

---

① Blakemore, S.-J., Wolpert, D. M. & Frith, C. D. (2002), Abnormalities In the Awareness of Action, *Trends in Cognitive Sciences*, 6 (6), pp. 237-242.

② Feinberg, I. (1978), Efference Copy and Corollary Discharge: Implications for Thinking and Its Disorders, *Schizophrenia Bulletin*, 4 (4), p. 636.

③ Frith, C. (2005), The Self in Action: Lessons from Delusions of Control, *Consciousness and Cognition*, 14 (4), pp. 752-770.

④ Synofzik, M., Vosgerau, G. & Newen, A. (2008b), I Move, Therefore I Am: A New Theoretical Framework to Investigate Agency and Ownership, *Consciousness and Cognition*, 17 (2), pp. 411-424.

化的即将出现的感官结果，而且能够超越直接的感官结果延伸至更为抽象的动作效果，超越直接的动作结果延伸至空间中和时间上更为遥远的效果。因此，尽管这个系统一开始只能形成对一个人自己直接感官动作效果的内部表征，它现在还能够预期更为抽象的动作效果并且能进一步在不需要耦合它们成为一个特定的运动模式或特定的动作控制的循环中进行表征。换言之，自我—自主性现在可以被表征了，不仅独立于实际的动作效果，而且还独立于实际的动作①。

3. 道德责任的归因

如果一个认知系统不仅能够形成自主性信念和判断，例如将一个特定的动作归因于一个特定的作者，而且还能可靠地登记处理动作的心理状态，它就能进行道德责任的归因。道德责任归因需要满足一定的条件，例如自主性系统 A 必须有一个内部的动作计划包含对行为 B 的表征，并且对可能的结果 C 有足够的洞察，同时动作是发生在常规情境中的并且有着一个常规的系统能够对行为结果进行可接受和不可接受的判断。但是除此以外，为了能够形成道德责任的归因，一个人还必须将形成元表征的能力和形成特殊的关于自我和他人的心理模型的能力相结合。并且，借鉴社会标准和规范判断的社会交互的元表征必须要区别于一个人个体的感受和判断的认知维度，因为自主性感受和自主性判断在个体发生学和系统发生学上都是更为基本的特征。它们之所以在个体发生学上更为基本是因为它们不需要元表征并且因而没有对一个人自己或他人心智模型的建构；而之所以在系统发生学上更为基本是因为它们不需要对社会文化规范性规则的建构。然而，一旦个体的认知和社会的规范这两个维度被建立了，它们就会不断地以自下而上和自上而下的过程相互作用和重新建模。例如，基于我们低水平的非概念的关于一个特定动作事件的感受，我们可能会调整自己的规范判断。反之，基于我们元表征的规范判断以及我们社会的标准，我们可能会改变关于自己动作的判断②。

综上，拥有感提供了我们成为自己身体拥有者的前反思的体验，而自

---

① Synofzik, M., Vosgerau, G. & Newen, A. (2008b), I Move, Therefore I Am: A New Theoretical Framework to Investigate Agency and Ownership, *Consciousness and Cognition*, 17 (2), pp. 411-424.

② Ibid..

主感则是我们是自己动作发出者的感受，并且两者共同起着区分自我与他者的重要作用。拥有感和自主感的共同作用使得我们对自己身体的自我识别得以完成。因此，对于拥有感和自主感的研究与分析将有助于我们更好地理解和探究"大脑在认识的活动过程中如何创造出一种自我感"①，从而对自我的存在方式进行更为明晰的探讨。

（三）拥有感与自主感的关系

拥有感和自主感之间的密切联系最显而易见的是它们总是一起出现在我们日常一般的自发行动中。然而，两者之间的紧密联系显然不仅发生在动作的实际执行过程中，而且还存在于早在拥有性和自主性出现之前。因为拥有性和自主性的出现首先必须满足一个前提条件就是动作—效果—耦合（action-effect-coupling）的感官登记（sensory registration）。

就这一过程的一般特征而言，为了将自己体验为自己动作的发起者，即能够认识到自己作为一个自主体是某个动作产生的原因，并且是这一个特定动作的拥有者，有一个非常基本的前提就是一个系统要学会如何系统地登记感官事件作为其自身动作的典型的效果。这可以在两个不同的非概念表征的基础上被认识。在非常基础的水平上，这种动作—效果—登记（action-effect-registration）导致的是一种情境的和当下的表征。在这一水平上所习得的是将一个特定的感官事件表征为一个特定类型动作的效果，从而建立一种基本的当下的自我—环境的区别②，这种区别包括将效果表征为由我和我的身体部分所发出的。即汤普森的建构论主张中自我指定系统所需要完成的任务。

在这一阶段，自我关系还未被表征。因此在这一基本阶段我们所完成的是一种当下的自我—环境的区别。这种区别允许了对我的动作的一种基本表征。在现象层面，我们已经有了一种发出一个动作的感觉，尽管我们还不能说是自主感（它并没有被表征为我的动作）。这一点在丧失本体感

---

① Parvizi, J. & Damasio, A. (2001), Consciousness and the Brainstem, *Cognition*, 79 (1), pp. 135–160.

② Vosgerau, G. & Newen, A. (2007), Thoughts, Motor Actions and the Self, *Mind & Language*, 22 (1), pp. 22–43.

觉的病人身上可以很好地得以体现①②。在这样的病人看不到自己的手向前移动的情况下，尽管他们能够建立了一种情境的发出这个动作的感觉，但是因为没有持续的来自视觉的或本体感觉的对手移动的进一步监控和反馈，他们并没有稳定的自主性的感受。在这一水平上，感官动作效果表征可以被最恰当地描述为非概念的、情境的表征，"这是一个动作的发起"。

这一种最为基本的水平起着对动作—效果—耦合的登记作用，并且同时对自主感和拥有感都是必要的。这是一种非概念性的、情境的对于某人自己成为自主体的表征，并且可以被认知系统用于多种目的。动作—效果—登记有助于建立基础的目标表征，有助于开始基本的动作计划，尤其有助于更为有效地处理自我引起的感官刺激。此外，动作—效果—登记所传递的信息可以根据任务和语境的不同要求，以不同的方式得以再校准。例如，当动作—效果—登记起的作用是作为自我所发出的刺激整体的一部分时，它可以取消与这一感官刺激相对应的动作效果的出现。自己不能给自己挠痒痒便是最为直观和典型的例子。

此外，基本的动作—效果—耦合的登记也是拥有感和自主感的必要前提条件。为了将特定的身体部分体验为一个人自己身体的一部分，一个非常基本的前提要求便是一个系统要学会系统地登记特定的感官输入作为源于一个人自己身体的感官输入（而不是源于他人身体的或是源于外部世界的）。它使将身体部分属我性的情境的（不稳定的）表征得以建构。只有在行动的过程中，我们才能学会可靠地区分属于我们自己的感官信息和不属于我们自己的感官信息，只有在汇总情况下我们才能登记感官输入和动作之间系统的变化并从而将它从巧合地影响我们的感官输入和环境中区分出来。然而，在这一水平上，系统本身并没有对拥有性和自主性进行区分；相反，动作属我性的两个方面都出现在情境的、非概念的我成为自主

① Farrer, C., Franck, N., Paillard, J. & Jeannerod, M. (2003), The Role of Proprioception in Action Recognition, *Consciousness and Cognition*, 12 (4), pp. 609-619.

② Fourneret, P., Paillard, J., Lamarre, Y., Cole, J. & Jeannerod, M. (2002), Lack of Conscious Recognition of One's Own Actions in a Haptically Deafferented Patient, *Neuroreport*, 13 (4), pp. 541-547.

体的表征中①。

就这一过程的认知神经机制而言，动作—效果—登记只是预设了动作控制能力的一个非常粗糙的要求：首先，这个系统必须以某种方式开始移动，例如它必须执行自发的、无意图的、无目标指向的移动。早在出生之前，胎儿就会执行这种自发的移动。因此，和所有随后的阶段相反，到目前为止实际上不需要任何特殊的运动控制的能力（甚至没有运动预测）。其次，这个系统必须有能力检测和存储系统的共变———一种内在于神经网络的能力。此外并不需要任何其他的认知能力和神经认知机制。

这种登记能力和它有别于下一个更为复杂的水平的经验的可能性得到了很多来自发展心理学研究的支持。伯纳德·霍梅尔（Bernhard Hommel）及其同事提出了一个意图自主体的二阶段模型②：在第一阶段，无目标指向的反身的移动被执行，同时同步发生的感官事件会被探寻（explored）。如果一定的移动和感官事件总是一起发生并且这一移动会被一而再再而三地执行，简单的学习机制便会导致一个动作—效果的联合学习。例如，在婴儿面前播放电影，同时对电影画面的清晰度以及声音音调进行控制，结果发现，即便是 2 个月大的婴儿也会通过调节他们的嘴部活动（例如吮吸假奶嘴）来增加所播放电影的视觉清晰度或者控制音调的变化③。此外，2—6 个月的婴儿，在一个非常基本的水平上，会监控和控制自己脚踢和手够的动作，并且在动作—效果一致性的基础上得以强化，如果动作会导致相应的某个行为结果的反复出现。只有当动作—效果之间的联合已经可靠地被习得并已经准备好被运动系统所用时，意图的自主性才会发展起来。当这种联合通过执行移动和探索它们的感官效果被获得并可被反过来用于运动系统时，内部的自主性才会得以发展。尽管这种联合会通过执行移动和探索它们的感官效果而获得，但是它们依然是意图动作目标指向调

①　Synofzik, M., Vosgerau, G. & Newen, A. (2008b), I Move, Therefore I Am: A New Theoretical Framework to Investigate Agency and Ownership, *Consciousness and Cognition*, 17 (2), pp. 411-424.

②　Hommel, B. & Elsner, B. (2009), Acquisition, Representation and Control of Action, In E-. Morsella, J. A. Bargh & P. M. Gollwitzer (Eds.), *Oxford Handbook of Human Action*, New York: Oxford University Press, pp. 371-398.

③　Striano, T. & Rochat, P. (1999), Developmental Link between Dyadic and Triadic Social Competence in Infancy, *British Journal of Developmental Psychology*, 17 (4), pp. 551-562.

节的一个必要前提。然而，因为更为一般的动作和动作效果的内部表征还没有被系统地建立，并且自我关系也没有被表征，这种登记依旧依赖于动作和动作效果的直接呈现。因此，其下的动作表征缺少跨时间的稳定性。相应地，执行一个真正的目标指向的方式和对一个人自己动作结果预期的能力也只能在更晚的阶段，即拥有性的感受和自主性的感受阶段才能出现。动作—效果—耦合登记只是拥有感和自主感出现的一个共同前提。

　　第二阶段，正如我们在非自发的动作中所能外显地观察到的拥有感和自主感的分离，通过某些特定的实验装置也能够对拥有感和自主感进行有效的分离①。拥有感和自主感之间的关系也可以通过观察和研究两者的分离而加以理解。耶斯佩尔·索伦森（Jesper Sørensen）邀请受试者参加一项戴上手套画直线的实验任务，同时告知他们的目的是对简单的运动行为中的身体体验进行研究，当然实际情况并非如此。具体的操作过程如下：受试者被要求在一张已经印有一条直线的白纸上沿着已有的直线进行描画。实验过程中白纸被放置于一个特制的大小为"45厘米×45厘米×45厘米"的立方体箱子的底部，在正对着受试者一面的上下各开有一个小口，受试者的手可以通过下方的口子伸入箱子内，而通过上方的开口受试者则可以看到箱子内的纸、他们自己的手以及随后的画线动作。这个特制的箱子内还装有一盏与计时器相连的小灯，每次的持续工作时间为2秒。实验者打开小灯的同时会给出提示受试者开始画线的指令，2秒钟后小灯自动熄灭，与此同时受试者停止画线。在正式实验之前会指导受试者进行4—5次的训练，要求他们在尽可能把线画直的同时对自己的画线时间进行控制，从而能够在小灯熄灭的同时刚好结束画线。在实际的操作过程中，实验者不知道的是，在他们能够看进箱子的那个开口处设有一块装着平面镜的小挡板，挡板可以翻转45度，因此当挡板没有翻转时通过该开口受试者看到的是箱子底部的纸和自己的真手，而当挡板被翻转之后，受试者所看到的实际上是镜子所反射的箱子的另一面上的白纸和实验者戴着手套的手。实际的实验进行8次，实验者在实验过程中在与箱子地面垂直的另一个面上所放置的白纸上画直线，其动作与受试者同时开始同时结束，但在实际的描画过程中受试者会刻意在某个位置上偏离已有直线，即

①　Sørensen，J. B.（2005），The Alien-hand Experiment，*Phenomenology and the Cognitive Sciences*，4（1），pp. 73–90.

故意画一条不够直的直线。其中的 7 次受试者看到的都是实验者的动作而不是他们自己的动作。

由于受试者不知道那面镜子的存在，并且实验过程中实验者和受试者手上都戴有手套，受试者不可能通过手的特征得知实验中看到的不是自己的手，事后的报告也表明受试者并没有意识到自己在实验过程中看到的是他人的动作。因此，在实验过程中他们就会认为是自己的手在执行动作时没有遵循自己的意图。实验结束后，在实验者要求受试者用言语报告尽可能精确地描述他们在执行实验任务过程中的主观体验时，他们发现受试者描述了一种在任务的执行过程中拥有感保持稳定但自主感受到干扰甚至是自主感丧失的独特的体验。例如，有一名受试者这样描述自己当时的感受："我画线的动作没有停，但是我与自己的手好像失去了联系……手在继续，可是我和手就像是两个生物：手还在做它喜欢做的，而我对此无能为力。"[1] 造成拥有感和自主感分离的原因是：在执行任务的过程中，受试者的动作意图提醒其在箱内镜子下面向前移动的就是自己的手，但视觉输入却"否决"了动作意图试图保留的本体感觉信息（proprioceptive information）。最终，受试者直接经验到作为"对我"发生的运动（拥有感），而没有体验到作为"由我"产生的运动（自主感）[2]。

随着研究的深入，越来越多的研究者认识到并认可了拥有感和自主感之间的联系与区别[3][4]，对于拥有感和自主感的分离以及两者之间的区别与联系我们将在第四章橡胶手错觉研究的介绍中进行更详细的讨论。

① Sørensen, J. B. (2005), The Alien-hand Experiment, *Phenomenology and the Cognitive Sciences*, 4 (1), pp. 73-90.

② 陈巍、郭本禹：《具身-生成的意识经验：神经现象学的透视》，《华东师范大学学报》（教育科学版）2012 年第 3 期。

③ Gallagher, S. (2000), Philosophical Conceptions of the Self: Implications for Cognitive Science, *Trends in Cognitive Sciences*, 4 (1), pp. 14-21.

④ Marcel, A. (2003), The Sense of Agency: Awareness and Ownership of Action, In J. Roessler & N. Eilan (Eds.), *Agency and Self-awareness*, London: Clarendon Press, pp. 48-93.

第三章

身体自我的病理学案例

通过上一章节对相关研究的梳理与回顾，我们认识到了对自我的研究需要重视身体本身的体验。然而，对于我们如何知觉身体为自己的身体的研究却一直以来都面临着一个特殊的挑战：此类研究需要我们能够控制对身体的知觉。但正如詹姆斯早在 19 世纪就提出了的那个著名的说法"相同的一样的身体它总在那里"①。也就是说，作为正常人，我们始终能感受到的只是有身体存在的体验而无法直接经验到没有身体存在的情况。因此，对于这些问题的最初洞察便主要得益于病理学的研究。病理学案例中患者所表现出来的各种身体体验的失调向我们所展示的自我的解构有助于帮助我们更好地理解自我是如何被建构出来的。和正常人的日常活动中拥有感和自主感紧密联系不可分割一样，病理学案例中所表现出来的自我感的紊乱中拥有感和自主感也不是完全独立的。为了更方便地进行论述，我们对涉及的案例表现进行了大致的划分，将分别从拥有感的紊乱和自主感的失调两方面加以阐述。

一　拥有感的紊乱

在对拥有感和自主感的介绍中，我们详细地对其不同水平内部以及不同水平之间的相互作用进行了介绍。尽管我们从现象上所观察到的很多事物都是各水平各成分之间相互作用的结果，然而我们依然有理由猜测拥有感的紊乱当然既会包含拥有感的三个成分拥有性感受、拥有性判断和拥有性元表征共同受损的情况，也应会存在仅有个别或部分成分受损的情况。按照拥有感的三个不同的级别，我们可以根据拥有感紊乱所表现出的程度上的差异划分

① James, W. (1890), *The Principles of Psychology*, New York: Dover, p. 260.

成三个水平：1. 没有任何的幻想的信念，即只是在感受层面存在某个身体部分不属于自己，或者在某些特定脑区损伤的病人身上表现出的相反的感受到某一不存在的部分真实地成为自己身体的一部分，典型的病例是异肢现象（alien limb phenomenon）。2. 认为自己的身体部分不属于自己的幻想的信念，即不仅在感受层面上体验不到身体的某个部位属于自己，并且在拥有性判断水平上也出现失调，即便是能看到某个自己的身体部分和自己身体之间的关系也会对此进行否认。但此类紊乱也仅限于此，尚未出现对这一特定身体部分错误的归属认识信念，典型的病例是躯体失认症（asomatognosia）。3. 认为自己的身体部分是属于其他人的幻想的信念，即不仅感受层面会对身体的某个部分或者某些部分产生忽视，并且在判断层面和元表征层面也会出现紊乱，会坚定地认为自己身体的某个特定部位是属于某个他人的，典型的病例是躯体妄想症（somatoparaphrenia）。下面我们将通过分别介绍这三种疾病来说明自我的解构在拥有感层面是怎样表现和发生的。需要注意的是，尽管我们将这三类疾病进行了大致的划分，但是由于它们在临床表现上虽然有所不同但是在很多方面其实又高度相似，为此在理解这些病例时依然需要综合考量，不可做绝对的区分。

（一）异肢现象

异肢现象（alien limb phenomenon），仅从其字面含义而言可能会被认为包罗一切否认自己的某个身体部位属于自己的临床表现，并且即便是在今天的使用中，也有不少研究者倾向于使用异肢现象泛指许多相关的病理性表现。然而，根据最早对异肢现象进行详细定义的莎伦·布里翁（Sharon Brion）和皮埃尔·杰德纳卡（Pierre Jedynak）的观点，"异肢现象"属于纯粹的拥有感紊乱而不包含任何自主感紊乱的成分，因为异肢现象并不引起任何形式的非自发的移动，为此也不会存在自主性的中断，而仅仅是一个人对自己肢体拥有性的主观体验的紊乱[①]。LA-O 就是一位典型的异肢现象的患者。神经病理学家爱德华多·毕夏克（Edoardo Bisiach）和朱利亚诺·杰米尼亚尼（Giuliano Geminiani）是这样对病人进行描述的：

[①] Synofzik, M., Vosgerau, G. & Newen, A. (2008b), I Move, Therefore I Am: A New Theoretical Framework to Investigate Agency and Ownership, *Consciousness and Cognition*, 17 (2), pp. 411-424.

当被提问时，她会毫不迟疑地承认她的左侧肩膀是她身体的一部分，并且依此类推她也承认她的左侧手臂、手肘以及所有这些部分的明显的连接处都是她身体的一部分。但是对于前臂，她的态度就很匪夷所思。她坚持否认对左前臂的拥有性，甚至是当她的左手被检查者放置于她的右侧躯体的位置时，她也依然不会有任何对左手的拥有感。她也不能解释为什么她的戒指就恰巧戴在了那只不是自己的手上。①

尽管 LA-O 是以口头报告的形式向检查者反馈了她左手拥有感的受损，但研究者认为很有可能她的体验是源于对异己性和非拥有性的非概念的感受。和这种拥有性感受的受损相反的是，她的拥有性判断依然被充分地执行着。虽然对于前臂她不承认这是她身体的一部分，但是她能够推理地将至少一些身体部分（她的左手臂和手肘）认为是自己的，并且更为重要的是，她认为她的这种异己的体验是奇怪的，也就是说她能够充分地认识到自己的这种体验是不正常的，而不是形成了一种令人不解的关于这种体验的拥有性的假设。例如杜撰一个似是而非的理由，给出一个感受不到拥有性的身体部分是属于某个其他人的解释②。可见其信念信息系统依然是正常工作的。

另外一个拥有性感受不正常而信念信息系统正常的例子来自一个叫 EP 的病人。EP 是一个芬兰人，她因为严重的头痛和左侧身体麻痹而入院。诊断发现她的病因是脑前部血管破裂，医生为此给她做了一个修复破裂血管的手术。尽管手术成功，但是 EP 脑前部的一小块区域却留下了永久性的损伤，这个区域与运动控制有关③。在术后的几年 EP 女士几乎算

① Bisiach, E. & Geminiani, G. (1991), Anosognosia Related to Hemiplegia and Hemianopia, In G. P. Prigatano, & D. L. Schacter (eds.), *Awareness of Deficit after Brain Injury*, New York：Oxford University Press, pp. 17-39.

② Synofzik, M., Vosgerau, G. & Newen, A. (2008b), I Move, Therefore I Am: A New Theoretical Framework to Investigate Agency and Ownership, *Consciousness and Cognition*, 17 (2), pp. 411-424.

③ McGonigle, D., Hänninen, R., Salenius, S., Hari, R., Frackowiak, R. & Frith, C. (2002), Whose Arm is It Anyway? A FMRI Case Study of Supernumerary Phantom Limb, *Brain*, 125 (6), pp. 1265-1274.

是已经完全恢复了，除了一点非常不一样的表现：她经常会体验到身体左侧有一只额外的"幽灵般"的手臂，出现在她的真实手臂前一两分钟所在的相同位置。当幻觉出现的时候，她就会感到好像有三只手臂。此时如果 EP 看到她自己真实的左手臂，这只虚幻的手臂很快就会消失。EP 知道她没有真的长出第三只手臂来，也认识到这个体验是由她受伤的脑所引起的。然而，多一只手臂的感觉是如此的逼真，以至于有时候她会担心购物时会撞到别人，因为她感觉她的三只手都拎着大篮子①。无论是 LA-O 还是 EP，这两个病例都说明单纯的异肢现象患者的大部分信念信息系统其实是毫发无损的。拥有性感受真正的紊乱是由一个人自己肢体的"异己性"知觉体验所构成的。但是这种知觉体验并不受更进一步的概念说明或信念状态的卷入的影响。

　　然而并不是所有对自己身体部分丧失拥有感的患者都会像 LA-O 和 EP 一样能够如此清楚地知道自己的异常体验是不真实的。实际上，绝大部分都会在拥有性感受丧失或失调的同时伴有拥有性判断和元表征的紊乱。除了这种在脑损伤之后继发的无法识别自己的手臂或者产生虚幻手臂的临床表现之外，很多病人还会表现出无法将自己的手臂识别为自己的，更有甚者会认为自己的手臂是属于别人的。为了与纯粹的无法识别自己的肢体的异肢现象加以区别，此类临床表现的疾病前者被界定为躯体失认症，后者则被称为躯体妄想症。

（二）躯体失认症和躯体妄想症

　　所谓躯体失认症就是对于一个人自己的四肢的失去或不知道（非归属）的感受和信念②。右脑额顶叶（fronto-parietal）受损的病人往往会出现此类现象，即丧失对自己左侧身体的觉知。此外，躯体妄想症亦属于典型的拥有感紊乱疾病，临床研究表明这类疾病往往是由于右侧脑顶叶皮层受到损伤，导致他们认为自己左侧的肢体，例如胳膊，并不是他们的。通

① Hari, R., Hänninen, R., Mäkinen, T., Jousmäki, V., Forss, N., Seppä, M. & Salonen, O. (1998), Three Hands: Fragmentation of Human Bodily Awareness, *Neuroscience Letters*, 240 (3), pp. 131-134.

② Gerstmann, J. (1942), Problem of Imperception of Disease and of Impaired Body Territories with Organic Lesions: Relation to Body Scheme and Its Disorders, *Archives of Neurology and Psychiatry*, 48 (6), p. 890.

常与此相伴随的还有这些肢体运动能力的丧失，并且患者自己也会丧失对这些肢体的感受。对于他们受到影响的肢体，这些病人的说法很怪异。例如，一位胳膊麻痹的病人说她实际上能够移动她的胳膊。当要求她指着自己的鼻子但她做不到的时候，她依旧会坚持认为她实际上指过了自己的鼻子①。

躯体妄想症属于躯体失认症的一种变体，其有别于躯体失认症的典型特征是此类病人在否认自己的身体部分属于自己的同时往往会声称特定的身体部分是属于别人的，即认为自己的手臂是属于另一人的，如家庭成员或自己的医生②。躯体妄想症的病人通常能够认识到自己的四肢是和身体相连的，但他们依然做出明确的判断声称特定的身体部分如手臂不是属于他们自己的。

神经科学家帕特里夏·丘奇兰德（Patricia Churchland）在《碰触神经：我即我脑》（*Touching a Nerve：The Self as Brain*）一书中描述过她小时候亲身经历的一件事情：

> 12岁那年，我和好朋友克里斯汀（Christin）在山丘上的乡间小路骑自行车。当从山顶快速往下冲的时候，由于速度太快，我冲进了小溪里，而克里斯汀则撞到了头。几分钟之后，除了右耳上方鸡蛋大小的肿块之外，还能明显看出克里斯汀的头出了什么问题。她不知道自己在哪里，或者怎么到了那里。坐在小溪边上，她直愣愣地盯着自己的腿，问它是谁的。大约每隔30秒，她就会问相同的问题。年幼的我无法明白克里斯汀怎么会不知道腿是她自己的，如果不是她的还能是谁的呢？面对这样的问题，克里斯汀的回答是："也许是一个流浪汉的。"就那个地区流浪汉经常光顾来说，这个回答也算是说得过去。当然就那件事情的结局而言还算是好的，因为在大约一个小时之后，我们就回到了家中，并且几天之后克里斯汀恢复了过来。她知道腿是她自己的，当她得知有一段时间她不知道这一点时，她惊呆

———————

① Ramachandran, V. S., Blakeslee, S. & Sacks, O. W. (1998), *Phantoms in the Brain：Probing the Mysteries of the Human Mind*, New York：William Morrow, p. 86.

② Bottini, G., Bisiach, E., Sterzi, R. & Vallarc, G. (2002), Feeling Touches in Someone Else's Hand, *Neuroreport*, 13 (2), pp. 249-252.

了。基本上，对于整件事情她什么都不记得了。①

　　克里斯汀身上所发生的事情仿佛是躯体妄想症的一个片段。躯体妄想症往往和对侧脑的运动和感官能力的丧失相伴随。根据朱塞佩·华拉（Giuseppe Vallar）和罗伯塔·龙基（Roberta Ronchi）于2009年发表的一篇对躯体妄想症的神经病理学研究较为全面的综述中所进行的归纳，在大部分报告的案例中，躯体妄想症的患者他们的本体感觉都是受损的。但相比之下，并不是所有的躯体妄想症病人的触觉知觉都受损，也就是说，有一部分病人尽管他们的本体感觉受损但是他们的触觉知觉却依旧完好②。神经科学家加布里拉·柏提妮（Gabriella Bottini）及其同事报告过的一位因右半脑中风而出现躯体妄想症表现的女子的病例：不仅她的左臂不能动弹，而且她还坚定地相信其左臂是她外甥女的。她似乎意识不到他人对那条胳膊的触碰。在一次检查中，医生告诉她，自己将首先碰触她的右手，然后是她的左手，再然后是她外甥女的手（实际上医生碰触的依然是她的左手）。医生这样做的同时要求她报告每次的感觉。她说能感受到右手上的碰触，但是感受不到左手上的碰触。然而令人惊讶的是，当医生碰触那只她相信是她"外甥女的手"时，她的确感受到了左手上的碰触。尽管病人自己也认为感受到她外甥女的手被触摸这一点很奇怪，但是这种怪异并没有对她造成特别的困扰③。换言之，病人无法觉知到作用在她自己手臂上的触觉，但是始终能够觉知到作用在她外甥女手臂上的触觉。此外，尽管躯体感觉被认为是影响身体拥有感的重要因素，但实证研究的结果却表明即便是在身体拥有感没有恢复或改善的情况下，躯体妄想症患者的触觉知觉水平也还是有可能得到提高的④。反之，身体部分的拥有性感受水

---

①　P. 邱奇兰德：《碰触神经：我即我脑》，李恒熙译，机械工业出版社2015年版，第24—25页。

②　Vallar, G. & Rochi, R.（2009），Somatoparaphrenia：A Body Delusion, A Review of the Neuropsychological Literature, *Experimental Brain Research*, 192, pp. 533-551.

③　Bottini, G., Bisiach, E., Sterzi, R. & Vallarc, G.（2002），Feeling Touches in Someone Else's Hand, *Neuroreport*, 13（2），pp. 249-252.

④　Moro, V., Zampini, M. & Aglioti, S. M.（2004），Changes in Spatial Position of Hands Modify Tactile Extinction but not Disownership of Contralesional Hand in Two Right Brain-damaged Patients, *Neurocase*, 10（6），pp. 437-443.

平提高则有助于触觉知觉水平的提高①。就此而言，似乎拥有性感受能够以一种自上而下的作用影响触觉知觉水平。

并且，躯体妄想症患者表现出来的这种非拥有性的幻觉还会延伸至一些和肢体有关系的外部对象（如结婚戒指）上，这就意味着非拥有性的产生无法单纯地通过感官运动皮层的结构或功能的受损加以解释。

综上，所有这些发现一起说明了躯体妄想症不是单纯的初级感官运动皮层受损的结果，而是初级感官运动体验和自我的联系中的一种特定功能的故障，因此这也使得躯体妄想症成了一种特定的身体拥有感的失调②。类似的病例还有很多，例如③：

> 检查者将患者的左手置于其右侧视觉场内，问他"这是谁的手？"
>
> 患者：你的手。
>
> 检查者随后将患者的左手置于他自己的手的中间，并且问："这些是谁的手？"
>
> 患者：你的手。
>
> 检查者：有几只？
>
> 患者：三只。
>
> 检查者：你曾见过三只手的人吗？
>
> 患者：一条手臂的末端就是一只手。因为你有三条手臂那么随之而来的就是你必定有三只手。
>
> 检查者随后将他的手置于患者的右侧视觉场内，并且说："将你的左手放在我手的对面。"
>
> 患者：给你（没有执行任何移动）。
>
> 检查者：但我没有看到它并且你也没有看到它。
>
> 患者：（在持续很久的犹豫之后）你看，医生，手没有移动的事

①　Bottini, G., Bisiach, E., Sterzi, R. & Vallarc, G. (2002), Feeling Touches in Someone Else's Hand, *Neuroreport*, 13 (2), pp. 249-252.

②　Fotopoulou, A., Jenkinson, P. M., Tsakiris, M., Haggard, P., Rudd, A. & Kopelman, M. D. (2011), Mirror-view Reverses Somatoparaphrenia: Dissociation between First- and Third-person Perspectives on Body Ownership, *Neuropsychologia*, 49 (14), pp. 3946-3955.

③　N. 汉弗莱：《一个心智的历史：意识的起源和演化》，李恒威、张静译，浙江大学出版社2015年版，第126—127页。

实可能意味着我不想举起它……

通常，躯体妄想症只持续数天或数周，但也有持续数年的。尽管当前对此并没有完善的治疗方法，但是有些案例研究表明前庭刺激（vestibular stimulation）可以使症状得到暂时的缓解①。研究者推测前庭刺激在觉知上的效果可能是对侧脑后上颞叶和顶叶区域受到暂时性的过度刺激所造成的，而这两个区域又正好涉及第一人称视角对自我和他者的空间关系的表征。更一般地讲，前庭的、视前庭眼动以及躯体感觉的刺激可能置换了有着左半侧忽视症状的右脑受损病人的空间参照系，从而改善了与之相关的视觉运动和躯体感官的功能缺陷。因此，也有研究者认为这样的症状是由更高级的身体表征的受损所引起的②。尽管这些理论假设有着一定的解释力，但是由于尚未在躯体妄想症病人身上系统地开展过与之相对应的实证研究，我们当前对躯体妄想症的神经认知机制仍知之甚少。

即便如此，躯体妄想症依旧形象地展示了作为最小自我的核心成分之一的拥有感受损的情况，同时它的存在也提醒着我们曾经认为在关于我的腿是我的或者我腿上的感受是我的感受这些确认无疑的事情上我们也会犯错。维特根斯坦曾被直觉触动去假设作为主体的"我"在这是谁的腿这个问题上永远不可能犯错，即当我们以自我为主体的方式使用第一人称代词时，我们不可能错误地将"我"指称于错误的对象。这一原则被称为免疫原则（immunity principle）③。当一个说话者使用第一人称代词"我"指称他/她自己的时候，他/她对于自己所指称的那个人是不可能犯错的。哲学家称此为"对第一人称代词相关的错误识别免疫"（immunity to error through misidentification relative to the first-person pronoun）④。确实，通常对

①　Bisiach, E. & Geminiani, G. （1991）, Anosognosia Related to Hemiplegia and Hemianopia, In G. P. Prigatano & D. L. Schacter （Eds.）, *Awareness of Deficit after Brain Injury*, New York: Oxford University Press, pp. 17-39.

②　Vallar, G., Guariglia, C., Nico, D. & Pizzamiglio, L. （1997）, Motor Deficits and Opto-kinetic Stimulation in Patients with Left Hemineglect, *Neurology*, 49 （5）, pp. 1364-1370.

③　Shoemaker, S. （2003）, *Identity, Cause and Mind: Philosophical Essays*, New York: Oxford University Press, p. 76.

④　Gallagher, S. （2000）, Philosophical Conceptions of the Self: Implications for Cognitive Science, *Trends in Cognitive Sciences*, 4 （1）, pp. 14-21.

于腿是自己的，胳膊是自己的之类的问题，我们不会出错。躯体妄想症提示我们，要知道我们看到的腿实际上是自己的或者腿上的感受是自己的感受，我们的脑必须以一种恰好正确的方式运作。脑损伤，尤其是右半脑顶叶区域的损伤造成了这个过程的中断，这个中断导致免疫原则的不再适用。无论病人的这个直觉是多么的强烈，在床上的最终也并不会成为患者外甥女的手①。

脑除了模拟它所栖息的身体的活动外，它的某些部分也会记录其他部分的脑在干什么。也就是说，某些神经回路会模拟和监控脑的其他部分的活动。而这个监控过程的中断则会导致自主感的缺失。

二　自主感的缺失

首先让我们来看这样一个脑监控脑的例子。这种监控实际上会改变我们的视知觉。想象一下，我们突然听到"砰"的一声，我们可能会转过身去看声音是从哪里传来的。结果发现，是一个罐子从架子上掉下来而发出。在对这个声音做出回应的过程中，运动皮层中的神经元做出了决定要把头转向声音传来的方向。在我们转头的时候，光以各种模式散布在我们的视网膜上。除此以外，头部运动信号的一个副本会被传送至脑的其他区域，其中包括我们的视觉皮层。这个运动信号的副本（输出副本）是非常有用的，因为它会告诉我们的脑是自己的头而不是世界上的其他东西在运动。没有这样一个输出副本，我们的视觉系统就会将视网膜上的变化表征为外部对象运动的结果。如此一来，混淆就不可收拾了。能够提供输出副本的这种组织是非常聪明的，因为它就意味着当我们移动自己的头或者眼睛或者整个身体的时候，我们不会在视网膜上变换的模式是如何造成的这个问题上被误导。脑通过使用这种数据来源产生了我与非我相对的复杂感觉。当我们移动头的时候，极有可能我们在视觉上甚至都没有觉知到光的各种移动模式。就觉知那些移动模式来说，我们的脑是极其擅长轻描淡写的，因为就解释外部世界而

---

① P. 邱奇兰德：《碰触神经：我即我脑》，李恒熙译，机械工业出版社 2015 年版，第 26—27 页。

言，那些视网膜的运动是无关紧要的①。

有时候我们的脑也会被欺骗，每一位坐过火车或汽车的朋友应该都会有过类似的体验。当我们上了火车进入车厢坐好之后，在等待火车发车的时候，如果恰巧边上有另一列火车比我们所在的火车稍微早一点开动，并且我们的眼睛的余光看到了这列车的运动。一开始我们很容易以为是自己所在的火车在后退。当然，随着更多的信息输入，脑会做出校正，我们很快会意识到是边上的火车在向前开而不是自己所在的火车在向后退。这种情况在物理学中被解释为参照系的选择，当我们以自己为参照系的时候，是边上的火车在前进，而当我们以边上的火车为参照系的时候，则是我们自己所在的火车在后退。但是，为什么我们总是会以如此相似的方式"选择"参照系呢？为什么我们不能总是"选择"自己而不是外部对象作为参照系呢？这是因为人脑在接收处理外部信息并做出恰当反馈的过程中形成一套快速的自动化的识别机制，这一机制一方面要保证我们能够时刻保持对外部刺激的敏感，另一方面也要使我们能够对相同刺激的不同来源进行区分以便做出更为合理的反应。为此，快速对感官刺激所引起的变化进行登记的系统是必要的，同时能够保证事后进行匹配和检验的输出副本也非常关键，正是输出副本的这种正常工作保证了我们能够对自发运动体验到自主感，并使得我们能够内化某些反应而无须对所有的刺激都进行外显的响应②。为此，输出副本工作的紊乱则将会直接导致自主感的紊乱。最常见的临床表现莫过于精神分裂症。

（一）　精神分裂症

"大量恐怖、令人不安的幻象和声音使我备受折磨，尽管（我认为）它们本身并不真实，但对我来说，它们仍显得那般真实，并对我有同样的影响，就如它们看起来那样真实。"这段话来自《牧师乔治·特罗斯先生的生活》（*The Life of the Reverend Mr. George Grosse*）。这本书由乔治·特罗斯本人撰写，并遵照他的遗嘱于死后不久的 1714 年出版。他所描述的体

① P. 邱奇兰德：《碰触神经：我即我脑》，李恒熙译，机械工业出版社 2015 年版，第27 页。

② N. 汉弗莱：《一个心智的历史：意识的起源和演化》，李恒威、张静译，浙江大学出版社2015 年版，第 156 页。

验在许多年前当他才 20 岁出头时就发生了。后来特罗斯先生认识到那些声音不是真的，但在事后回忆的时候他说在生病时他完全相信它们的真实性。"当我幻想时，我听见一个声音，它似乎就在我的身后，说，再听话一些，再听话一些，不断重复……按照它的指令，我开始脱掉我的长裤，然后是紧身裤和紧身上衣，当我就这样全身赤裸时，我内心有一种强烈的感觉，所有事情都做得很好，完全按照这个声音的指令。"[1]

这些体验记录在今天无疑会被诊断为精神分裂症。其显著的共同特征是有目共睹的，即所有的当事人都相信这些假体验是真实的，并且会费尽心思地去解释这些看起来不可能的事情是如何发生的。然而，我们对于这种失调的起因依然不清楚。我们所能做出的合理猜测是，脑除了模拟它所栖息的身体的活动外，它的某些部分也会记录其他部分的脑在干什么[2]。也就是说，某些神经回路会模拟和监控脑的其他部分的活动。而当这种回路出现问题时，自主感的缺失便会产生。精神分裂症病人所表现出的控制妄想（delusions of control）、思维插入（thought insertion）等便是典型的自主感缺失的案例。并且这些精神分裂症病人的特定症状似乎只涉及自主感的中断而没有拥有感的缺失。克里斯·弗里斯（Chris Frith）的精神分裂症认知模型作为基本的自我监控过程的一种中断为自主感如何可能犯识别错误提供了一种解释。弗里斯的基本主张就是精神分裂症病人的妄想和错觉体验是由于自我监控的中断。

慢性的精神分裂症患者会有一系列的移动失调。和我们所关注的最为相关的是，他们有时候会做出错误的关于不同的身体移动的自主性的判断。罹患控制妄想的病人可能会报告说他们的移动是由他人所做出的或是由其他事物所导致的。弗里斯的其中一位病人是这样描述的："有一种无形的力量动了我的嘴唇，随后我开始说话。这些词仿佛都是为我而定制的。"对于言语所要负责的运动动作当然实际上是病人自己的运动动作，而病人自己也承认动的是他们自己的嘴唇，但对于是谁产生的这种运动病人却做出了错误的判断。显然，这里发生中断的是自主感而不是拥有感。

---

① C. 弗里斯：《心智的构建：脑如何创造我们的精神世界》，杨南昌等译，华东师范大学出版社 2015 年版，第 46 页。

② P. 邱奇兰德：《碰触神经：我即我脑》，李恒熙译，机械工业出版社 2015 年版，第 26 页。

也就是说，病人知道是他们的嘴唇在动，是他们在说，但似乎他的嘴唇是被迫动的，并且他所说出来的这些词也是由他人所给出的。

　　我们应该如何解释自主感中的这种中断呢？比较器模型是其中一个较为有影响力的解释。比较器模型一开始是作为解释运动控制的身体图式的加工而出现的方式。当一个运动指令被发送至一组肌肉时，那个信号的一个副本，即输出副本，同时也会被发送至一个比较器或自我监控系统。罗伯特·赫尔德（Robert Held）指出被发送至比较器的输出副本会被储存在那里，并随后被用于和由实际上被执行的移动所导致的再输入的（本体感觉的或视觉的）信息进行比较[①]。然而，这种感官反馈会稍微晚于移动发生的事实而到达，并且最多只能作为是我刚才正在移动的判断的确认。就此而言，自主感可能只是通过这种反馈被强化而不是基于这种感官反馈而获得。

　　这种感官反馈模型和运动动作与自我觉知的生态学解释是一致的。运动动作的控制部分依赖于本体感觉和视觉本体感觉的反馈。如果有什么出错了，那么在这种一致的移动感的基础上对其进行纠正是可能的（如图3.1所示）。

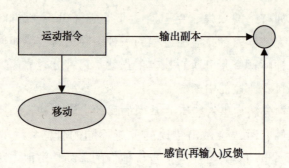

图 3.1　感官反馈比较器[②]

　　然而，在一般的移动控制中还涉及一个二级的控制机制，并且这一二级机制也可以通过比较器模型得以解释。这一比较器机制被认为是属于先于移动的实际执行和感官反馈的前运动系统的一部分。研究者认为这种不

---

① Held, R. (1961), Exposure-history as a Factor in Maintaining Stability of Perception and Coordination, *The Journal of Nervous and Mental Disease*, 132 (1), pp. 26−32.

② 图片转摘自 Gallagher, S. (2005), *How the Body Shapes the Mind*, New York: Oxford University Press, p. 176。

依赖于感官反馈的"前向"（forward）运动控制不仅帮助产生动作，而且很有可能是负责产生对动作的有意识的自主感[1][2]。前向比较器监控运动指令的输出副本是否和运动意图匹配，并对先于任何感官反馈的移动做出自动的纠正（如图 3.2 所示）。这种前向比较器模型和来自运动动作的预期的（expected）、前动作（pre-action）方面的证据是一致的。

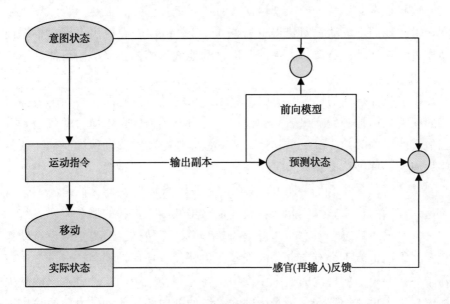

图 3.2 前向比较器模型[3]

精神分裂症病人在对移动的前向控制中出问题了，但是在基于感官反馈的运动控制方面并没有问题。弗里斯通过这样的实验来检验这一假设：同时让非精神分裂症的正常受试者和精神分裂症患者使用操作杆跟踪电脑屏幕上的一个目标。实验者能够在受试者的反应中制造一个明显的方向上的偏差，同时受试者可以通过使用视觉上的反馈或者前动作的，即更为自

① Georgieff, N. & Jeannerod, M. (1998), Beyond Consciousness of External Reality: A "Who" System for Consciousness of Action and Self-consciousness, *Consciousness and Cognition*, 7 (3), pp. 465-477.

② Jeannerod, M. (1994), The Representing Brain: Neural Correlates of Motor Intention and Imagery, *Behavioral and Brain sciences*, 17 (02), pp. 187-202.

③ 图片转摘自 Gallagher, S. (2005), *How the Body Shapes the Mind*, New York: Oxford University Press, p. 177。

动的过程来修正他们的移动。在手的视觉反馈提供的情况下，受试者往往会根据视觉反馈而非前动作过程来对错误进行修正，即受试者看到一个错误，对其进行修正。然而，如果手的视觉反馈是不可见的，这时候正常的受试者会做出一个更快的修正，显然这种修正只能是基于前向控制机制。但在精神分裂症患者身上开展的类似研究却发现，当视觉反馈存在时，他们能够和正常受试者一样发现错误并对错误进行修正，但是当视觉反馈被剥夺时，他们就无法再对错误进行修正了①。精神分裂症病人无法根据前动作过程对移动进行修正，由此可以推测他们的前向控制机制可能并不能正常地工作。

在精神分裂症的控制妄想中所表现出来的是自主感的缺失而不是拥有感的缺失。精神分裂症患者感到他们不是自己动作的自主体，并且他是受到他人的影响的——似乎是其他人或者是其他事物在移动他的身体。从某些方面讲，这种体验和非自发动作的体验类似。也就是说，当某人控制我们的移动（例如推我们一下），我知道是我的身体在移动，但是我不会有对这一移动的自主感。实际上，我会把自主性归于推我的那个人。

自主感的缺乏在通常的非自发的动作中显而易见，因为主体没有动作意图，因而也就不会有前动作的准备，也就没有任何意图会被记录在比较器中。在弗里斯所提出的这个模型中，在控制妄想中的这种自主感的缺失被解释为中央监控器和某种身体图式系统的前向的、前动作方面的输出副本有关。也就是输出副本或者是前向比较器机制出错了。正如我们在实验中所能看到的，如果感官反馈存在的话，精神分裂症患者也还是能够对自己的移动错误进行纠正。同样，在非自发动作中，生态的感官反馈系统似乎也是正常工作的，能提供一种我在移动的感觉②。这说明生态学的感官反馈控制和前动作的、前向控制之间的差别分别对应于拥有感和自主感之间的差别。也就是说，无论是在精神分裂症的控制妄想中还是在非自发动作的一般体验中，生态的感官反馈系统会告诉主体正是他的身体正在移动或者被移动（提供一种移动的拥有感）。而前向比较器中输出副本的缺

---

① Frith, C. D. & Done, D. J. (1988), Towards a Neuropsychology of Schizophrenia, *The British Journal of Psychiatry*, 153 (4), pp. 437-443.

② Gibson, J. (1987), A Note on What Exists at the Ecological Level of Reality, in E. Reed & R. Jones (Eds.), *Reasons for Realism: Selected Essays of James*, Hillsdale, N. J.: Erlbaum, pp. 416-418.

乏，或者在神经病理水平上任何前动作预备过程的缺乏，都会使身体图式系统无法登记自主感，一种主体自己是移动发出者的感觉将不会出现①。

　　弗里斯在比较器模型的基础上提出了用于解释精神分裂症病人控制妄想和思维插入等症状的模型②。根据这一模型［如图 3.3 所示，TGM：思维发生机制（thought generative mechanism）］，自主感的产生源于预测模型和输出副本之间的匹配；而拥有感的产生则依赖于感官反馈和本体感觉之间的匹配。由于预测机制的缺陷，精神分裂症病人无法正确地归因自己所看到的行为表现，即表现出了自主感的缺失，但是由于本体感觉和感官反馈的正常工作，他们的拥有感还是完好无损的，即便在不认为动作是出于自己主观意愿发出的情况下，他们还是会认为做出相应动作的身体部分是属于自己的。

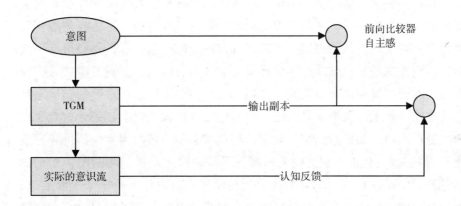

图 3.3　认知比较器模型③

　　神经生理学和电生理学的研究均表明内部预测和外部信息之间的不断比较保证了我们正确地将自我发出动作所导致的感官事件归因于自己而非

---

　　① Gallagher, S. (2005), *How the Body Shapes the Mind*, New York：Oxford University Press, p. 178.

　　② Blakemore, S. J., Wolpert, D. M. & Frith, C. D. (2002), Abnormalities in the Awareness of Action, *Trends in Cognitive Sciences*, 6 (6), pp. 237-242.

　　③ 图片转摘自 Gallagher, S. (2005), *How the Body Shapes the Mind*, New York：Oxford University Press, p. 180。

外部原因①②。根据比较器模型的解释，正是使自主感得以呈现的输出副本和输入信号之间的匹配保证了我们能够对于自发事件进行正确的归因。而预测失败或输出副本的无法正常生成都将导致自主感的缺失。研究表明，精神分裂症病人正是此类在预测中存在不足的情况。研究者通过一个叫压力匹配任务的实验对精神分裂症病人的感官预测机制受损情况进行了研究。实验者通过力矩马达（torque motor）向受试者的手指上施加一个外力，要求受试者感知力的大小，并通过另一只手的按压给出一个他认为与被动施加的外力相匹配的力。由于通常情况下会存在对可预测的感官输入的低估，因此健康受试者总是会给出一个较之实验者施加的压力大很多的力。但是精神分裂症病人却并不会出现类似的情况，他们表现出的可预测感官输入的低估显著小于同龄的控制组受试者，这就意味着精神分裂症病人的感官预测机制并不能很好地工作③。

此外，平滑追踪运动（smooth pursuit）的研究也表明精神分裂症病人感官预测机制的受损。在平滑追踪运动过程中，视网膜中所接收到的视觉刺激会发生变化，如果我们仅依赖于视网膜上的信息，那么我们很有可能会错误地将这些变化归因为外部环境而非我们自己。因而我们需要将视网膜上实际的图像变化与根据眼动的运动指令的输出副本所预测的图像运动进行比较，如果这两类信号匹配，视网膜上的图像变化会被解释为自我发出并进行抵消；如果不匹配，剩下的运动差异便会被归因为外部世界的变化④。研究表明精神分裂症病人确实在平滑追踪运动所引起的图像运动的知觉补偿中存在缺陷，即由于精神分裂症病人的内部预测模型不够准确，他们会知觉到更大的剩余运动量。这一结果也再次验证了他们感官预测机

---

① Crapse, T. B. & Sommer, M. A. (2008), Corollary Discharge Across the Animal Kingdom, *Nature Review Neuroscience*, 9, pp. 587-600.

② Voss, M., Ingram, J. N., Haggard, P. & Wolpert, D. M. (2006), Sensorimotor Attenuation by Central Motor Command Signals in the Absence of Movement, *Nature Neuroscience*, 9, pp. 26-27.

③ Shergill, S. S., Samson, G., Bays, P. M., Frith, C. D. & Wolpert, D. M. (2010), Evidence for Sensory Prediction Deficits in Schizophrenia, *American Journal of Psychiatry*, 162 (12), pp. 2384-2386.

④ Haarmeier, T., Bunjes, F., Lindner, A., Berret, E. & Thier, P. (2001), Optimizing Visual Motion Perception during Eye Movements, *Neuron*, 32 (3), pp. 527-535.

制的不足①。

（二）异手症

异手症，又称异己手综合征（alien hand syndrome）是除精神分裂症以外另一种对于透视自主感紊乱很有意义的病理学现象，通常被界定为一侧上肢无意愿的（unwilled）、不可控的（uncontrollable）但看似有目的的（purposeful）动作②。异手症包含上肢复杂的移动，但是尽管这些动作以一种目的指向的和"有意为之"的方式而被执行（例如，它们似乎是服务于某一目标的)③，实际上这些移动往往不是主体自己打算做的。异手症所涉及的临床表现有多种形式，概言之，患者的手（临床中通常所见的是左手）会表现出无法控制的行为，对这些行为患者会产生极端的陌生感④⑤。

1964 年斯坦利·库布里克（Stanley Kubrick）的一部电影《奇爱博士》（*Dr. Strangelove*）中，奇爱博士长着一只有自己想法的右手。电影中曾经出现的一个场景是，他正用自己的左手来阻止无法无天的右手试图掐死他自己。这种你一直安静地坐着什么都没做，而你的一只手却开始独自行动的场面似乎特别耸人听闻。然而除了电影中，现实生活中由于脑损伤导致的这种无法无天的手出现的情况却是真实存在的⑥。这种任性的手会抓住门把手不放，或者拿起一支铅笔乱涂乱画。有这种症状的人被手的这些行为折腾得心烦意乱："它不会做我想让它做的事情。"他们经常要用

① Lindner, A., Thier, P., Kircher, T. T., Haarmeier, T. & Leube, D. T. (2005), Disorders of Agency in Schizophrenia Correlate with an Inability to Compensate for the Sensory Consequences of Actions, *Current Biology*, 15 (12), pp. 1119-1124.

② 王辉、陈巍、单春雷：《异己手综合征的研究进展》，《中国康复医学杂志》2013 年第12 期。

③ Sala, S. D., Marchetti, C. & Spinnler, H. (1991), Right-sided Anarchic (alien) Hand: a Longitudinal Study, *Neuropsychologia*, 29 (11), pp. 1113-1127.

④ Hertza, J., Davis, A. S., Barisa, M. & Lemann, E. R. (2012), Atypical Sensory Alien Hand Syndrome: A Case Study, *Applied Neuropsychology: Adult*, 19 (1), pp. 71-77.

⑤ Schaefer, M., Heinze, H. J. & Galazky, I. (2010), Alien Hand Syndrome: Neural Correlates of Movements without Conscious Will, *PLoS One*, 5 (12), e15010.

⑥ Sala, S. D., Marchetti, C. (1998), Disentangling the Alien and Anarchic Hand, *Cognitive Neuropsychiatry*, 3 (3), pp. 191-207.

另一只手死死地抓牢它，尽力阻止它乱动①。

和异肢现象明显不同的是，异己手所描述的症状反映的是自主感的紊乱而非拥有感的紊乱，因为在这种病理案例的临床表现中，患者不会认为肢体是属于别人的，他们始终认为尽管自己的那只手并不"听话"，但它依然是自己身体的一部分。只是，这只手是由不属于主体自主的实际意图所控制的，这种主张也得到了来自很多异己手综合征患者的报告的支持：

> （病人的）左手会坚持探索和抓住任何附近的对象，拉住她的衣服，甚至会在她睡着的时候掐住她的喉咙……她睡觉的时候只能把左手绑起来以阻止夜间不恰当行为的发生。她从来不会否认左手臂和左手是属于她自己的身体的一部分，尽管她确实是把她的左上肢视作另一个有其自主性的实体。②

可能有人会认为异手症实际上不是一种自主感的紊乱，因为病人能够正确地识别在他们无法无天的上肢的实际移动和他们的运动意图之间的矛盾。然而，考虑到我们对自主感所进行的不同水平的划分，由于异己手的移动是没有意图的，并且移动看上去的意图和病人自己的意图是矛盾的，因此至少自主感的最低水平，即自主性感受，是没有发生的。或者更为准确地说，非自主性的感受发生了。这种情形的结果就是一种"这不是我的动作"的感受会产生并且同时可能还会伴随一种恼怒的情绪体验。鉴于这种感受，一种理性的关于自主性的判断便是考虑上肢的活动是由它自己所导致的，即它是一个有着自己意图的独立的自主体，或者它是某个有着自己意图的独立自主体的一部分。因此，和自主性有关的问题就在于自主感的第二个水平，即自主性判断。在这一水平上会形成一个错误的幻想的信念。这种不恰当的信念可能还会有不恰当的行为结果。例如，可能就会有患者会将手自己动的意图归因于他不受自己控制的那只手，并得出这样的信念，即手可能因此会受口头指令的影响。"她经常会和她自己（不受控

---

① C. 弗里斯：《心智的构建：脑如何创造我们的精神世界》，杨南昌等译，华东师范大学出版社 2015 年版，第 80 页。

② Banks, G., Short, P., Martínez, A. J., Latchaw, R., Ratcliff, G. & Boller, F. (1989), The Alien Hand Syndrome: Clinical and Postmortem Findings, *Archives of Neurology*, 46 (4), pp. 456-459.

制的）左手说话，要求它执行一些命令，做出一些移动，但是实际上她的左手'只是做它想做的事情'。"①

之前对拥有感紊乱的论述中我们讲过关于拥有性的判断和信念不能（完全地）被拥有性的感受解释，和这种关系一样，同样关于原因和意图状态的信念，例如关于自主性判断的信念，也不能被关于自主性和非自主性的感受所解释。尽管一个人实际的移动和他的运动意图之间的矛盾的发现可能会导致不成为这个实际移动发起者的知觉体验的出现，但是这依然不足以解释为什么一个人将意图归因于自己或不归因于自己，即自主性的感受并不能解释自主性的判断。这再一次地需要依赖于由特设的基于语境线索和信念状态的合理化所形成的解释性的判断，尤其是一个人自己的背景信念②。

尽管医学界对于异手症的研究热点主要集中于采用神经科学的技术来界定其子类型，相应的成果也是不断涌现，如当前已经大体能够将异手症分为前部型或额叶型、胼胝体型、后部型或感觉型以及混合型③。但是我们介绍异手症以及上述的其他拥有感紊乱和自主感缺失的病例并非为了对其原因进行剖析或者对其可能的治疗方法进行探讨，而是希望通过这些宝贵的自我失调的现象来洞察自我的解构，从中考察其对自我建构问题研究的启示。

三　病理学案例研究的意义

（一）　自我的层级

在第二章中我对最小自我的两个重要方面拥有感和自主感各自的层级结构进行了详细的介绍。无论是拥有感还是自主感都分别包含非概念的感

---

① Trojano, L., Crisci, C., Lanzillo, B., Elefante, R. & Caruso, G. (1993), How Many Alien Hand Syndromes' Follow-up of a Case, *Neurology*, 43 (12), pp. 2710-2710.

② Synofzik, M., Vosgerau, G. & Newen, A. (2008b), I Move, Therefore I Am: A New Theoretical Framework to Investigate Agency and Ownership, *Consciousness and Cognition*, 17 (2), pp. 411-424.

③ 王辉、陈巍、单春雷：《异己手综合征的研究进展》，《中国康复医学杂志》2013 年第 12 期。

受、概念性的判断以及与信念认知有关的元表征这三个水平，正是它们之间的相互作用共同构成了我们有意识体验的两个核心成分①。通过对拥有感和自主感紊乱的病理性案例的介绍与分析，首先，我们可以更加直观地感受到拥有感和自主感内部的层级之分。无论是拥有感的紊乱还是自主感的缺失，都存在着只在这一感受内部某一水平或某些水平发生中断而其他方面都完好无损的病例。如异肢现象，尽管患者无法体验到他所看到的上肢是属于他身体的一部分的感受，但是他概念性的判断系统依然完好，他仍旧能够很好地对和肩膀相连的部分做出合理归因。也就是说，即便是拥有性的感受中断，他们对拥有性的判断依然能够正常进行，并且他们自己也能够认识到自己的这种异己的体验不是正常的。尽管来自躯体失认症以及更为常见的躯体妄想症的表现给出的都是感受、判断和元表征水平均出现失调的例证，但这些现象的存在恰恰共同说明了拥有感的认知机制是层级式的。再如异手症患者，尽管他们会认为自己那只不受自己控制的手可能有它自己的想法，但是与疾病症状相伴随的令人恼怒的情绪体验说明在自主性的责任归因方面并不是完全的受损，患者面对自己的意图和不受自己控制的手实际上所执行的动作之间的矛盾无奈所得出的结论是手可能有它自己的想法或者受他人控制，所以尽管存在责任归因水平上的受损，我们也只能说是部分受损。

其次，通过对拥有感和自主感紊乱的病理性案例的介绍与分析，我们也可以对拥有感和自主感之间的区别与联系有一个更加感性的认识。躯体妄想症的患者在无法将自己身体的某个部分识别为属于自己的同时往往也会表现出一定程度的自主感的受损。例如在检查者要求患者移动手臂的时候虽然没有做出任何反应但是这些人却相信自己已经做过这样的动作了。甚至是在被人指出实际上他们没有执行要求动作的时候患者也会给出一些看似合理的理由来解释为什么他们没有动。然而无论是在精神分裂症患者还是在异手症患者身上，尽管自主感是缺失的，我们还是能看到显而易见的拥有感的完好无损。例如，精神分裂症患者能清楚地意识到说出某句话的嘴唇是他自己身体的一部分，而且确实就是由于他嘴唇的开合运动导致

---

① Synofzik, M., Vosgerau, G. & Newen, A. (2008b), I Move, Therefore I Am: A New Theoretical Framework to Investigate Agency and Ownership, *Consciousness and Cognition*, 17 (2), pp. 411-424.

了他发出了声音，尽管所说的话并不是他的意图所指的内容。拥有感和自主感是两类紧密联系但又有所区别，并且"较之自主感拥有感对我们形成统一稳定的自我感更为基本更具奠基意义"① 的观点通过病理性的表现得以清晰呈现。并且，在拥有感和自主感的紊乱的病例中我们也可以更加直观地看到自我在解构之后会出现的一些现象与表现，进而帮助我们更好地理解一个统一稳定的自我是如何由各个成分建构起来的。

　　最后，通过对拥有感和自主感紊乱的病理性案例的介绍与分析，也可以深化我们对自我作为一个多层次系统建构的产物这一观点的理解。无论是达马西奥对自我所做出的对原始自我、核心自我与自传体自我的划分，还是加拉格尔对自我所做出的最小的自我和叙事的自我的划分，两者同属于认为自我是一个多层次系统建构的产物。当面对"我是谁"这一问题时，一个最自然的回答方式就是讲述各种与我相关的故事和经历。这是一种自上而下的理解自我的思路，因为叙事的自我也好，自传体的自我也罢，都需要将所有的经验置于一个整体的叙事结构之下，任何经验和行动都必须通过它在整体叙事结构中的位置获得意义和可理解性，并由此成为自我的一部分。但是这种自上而下的进路所面对的一个问题是，尽管叙事的自我和自传体的自我是更为充分和完善的自我形式，但是，它们都不可能脱离最小的自我或原始自我和核心自我而凭空出现。并且，我们日常生活中的很多琐碎的体验也很难纳入这一"整体叙事结构"之中。为此，对于"我是谁"这个问题我们显然还需要一个自下而上的研究进路。对拥有感和自主感病理学研究的介绍以将各种成分进行分离的方式呈现了自我的这种层级结构。

（二）心智的构建

　　来自神经科学的研究表明，无论是拥有感的紊乱还是自主感的失调都与某些特定的大脑皮层的受损或病变有关。对躯体妄想症患者的脑成像研究表明其最有代表性的受损区域是大脑后部的颞顶联合区（temporo-parietal junction）。此外还有一些相关的一些神经回路可能包含深层皮质区域，如后脑岛（posterior insular）和次级皮层结构如基底神经节（basal

---

① D. 扎哈维：《主体性和自身性：对第一人称视角的探究》，蔡文菁译，上海译文出版社2008年版，第182页。

ganglia）等在内的更广泛的区域①②③④。再如那位名为 EP 的女士，功能成像结果发现当她脑中位于辅助运动皮层（supplemental motor cortex）右内侧壁上的一小块区域的活动增加时，她就会体验到第三只手臂的出现⑤。还有对异手症的脑成像研究也同样证实正是由于大脑内侧额叶（medial frontal lobe）的左侧和胼胝体（corpus callosum）的前部发生病变才导致额叶型异手症的出现。可见，大脑皮层的病变是产生这些病理现象的根本原因。这一点再次证实了达马西奥的主张，即我们所有的自我都必须是基于非意识的神经模式的活动，同时也肯定了我们重回身体自我、重视身体自我的进路的合理性。然而这样的解释显然不能让我们满意，我们不仅希望进一步知道这种紊乱是怎么发生的，同时我们也希望能够通过对这些问题来探索正常人的统一而稳定的自我感是如何形成的，即我们看似丰富多变的无意识的体验是怎么进入统一稳定的有意识的认知领域的。

有一位叫作 DF 的病人可以帮助我们对心智和脑之间的关系进行更好的理解。DF 因为使用有故障的热水器而不幸遭受了一氧化碳中毒。这次的中毒损伤了她脑中关系到辨别形状的部分视觉系统。她对光、阴影和颜色有模糊的印象，但是她不能辨别任何事物，因为她看不清楚它们的形状。她能够四处走动并且捡起东西，考虑到她几乎失明，这似乎远比预期的情况好得多。由于敏锐地观察到视觉皮层受损患者 DF 身上的有意识表现与无意识表现之间令人惊异的对比的重要价值，梅尔·古德尔（Mel Goodale）和大卫·米尔纳（David Milner）随后对 DF 进行了系统而严格的跟踪研究，证实

① Baier, B. & Karnath, H. O. (2008), Tight Link between Our Sense of Limb Ownership and Self-awareness of Actions, *Stroke*, 39 (2), pp. 486-488.

② Bottini, G., Bisiach, E., Sterzi, R. & Vallarc, G. (2002), Feeling Touches in Someone Else's Hand, *Neuroreport*, 13 (2), pp. 249-252.

③ Cereda, C., Ghika, J., Maeder, P. & Bogousslavsky, J. (2002), Strokes Restricted to the Insular Cortex, *Neurology*, 59 (12), pp. 1950-1955.

④ Vallar, G. & Ronchi, R. (2009), Somatoparaphrenia: A Body Delusion, A Review of the Neuropsychological Literature, *Experimental Brain Research*, 192 (3), pp. 533-551.

⑤ McGonigle, D., Hänninen, R., Salenius, S., Hari, R., Frackowiak, R. & Frith, C. (2002), Whose Arm is It Anyway? A FMRI Case Study of Supernumerary Phantom Limb, *Brain*, 125 (6), pp. 1265-1274.

了在她能看到的和她能做到的两者之间有巨大的差别①。古德尔和米尔纳有一个实验是这样做的。举起一根木棍，然后问 DF 木棍的方向。她说不出木棍是水平放置的还是垂直放置的，抑或是倾斜放置的。好像她看不见木棍而只是在猜想。然后，你让她伸手触摸木棍并抓住它，她正常地做出了这样的动作。她转动她的手，这样她的手指就和木棍指向同样的方向。不管木棍的角度怎样，她都能顺利地抓住它。这个观察表明，DF 的脑"知道"木棍的角度，并能用这一信息控制她的手部动作。但是，DF 却不能用这一信息来看见木棍的方向②。此外，古德尔和米尔纳所设计的一系列实验还发现，DF 无法临摹日常物品的几何形状，却能凭着记忆画出来；她看不出物体的形状和朝向，但是可以准确地拿到放在她面前的物体；她不知道信箱插槽的方向，却可以准确地将卡片从插槽投进去；她认不出形状，仍然可以根据物体大小调节握径；对于规则的和不规则形状的物体，说不出形状的 DF 也仍然可以准确地选取正确的握点；在跨越障碍的测试中，尽管她完全说不出每一个障碍物的高度和宽度，但她能与健康受试者一样灵巧地越过每个高度不同的障碍物③，仿佛她的脑知道物质世界的一些事情，而她的有意识的心智却并不知道。

和 DF 的表现形式一模一样的病例并不多见，但与之相似的现象在脑损伤病人身上也并不罕见。盲视（blind light）是另一种能够说明你不知道而脑似乎知道的现象。盲视现象发生在脑后方初级视觉皮层大面积受损的特定人群中。劳伦斯·魏斯克兰茨（Lawrence Weiskrantz）发现，这些盲视的患者，他们很大一部分视野是"盲的"，因为他们根本不承认视野的这一部分存在。他们说自己对盲区中的亮或暗或颜色没有任何感觉，就好像视网膜相应的部分消失了，而光线的刺激根本就不能影响他们。但是他们特定的知觉能力依然完好无损。如果患者能被说服无视觉的感觉水平上对他们而言显然没有什么事情发生这个事实，并且对外部世界进行猜测，那么他们能够做得出人意料的好。如果让他们伸手去够一个对象，他

---

① Goodale, M. A. & Milner, D.（2013），*Sight Unseen：An Exploration of Conscious and Unconscious Vision*，New York：Oxford University Press，pp. 17–34.

② C. 弗里斯：《心智的构建：脑如何创造我们的精神世界》，杨南昌等译，华东师范大学出版社 2015 年版，第 28 页。

③ 李恒威、龚书：《意识与无意识：双流视觉理论》，《浙江师范大学学报》（社会科学版）2015 年第 3 期。

们能够指向正确的方向。如果用不同形状的物体对他进行测试，他的手会以预期握住它的样子而摆出正确的形状。但是如果让他们口头报告一个对象的形状是什么，他们通常是不会成功的。

在人类身上发现这一现象之前，魏斯克兰茨的学生尼古拉斯·汉弗莱（Nicholas Humphrey）在一只名叫海伦的猴子身上也发现过类似的现象。魏斯克兰茨对海伦做了一个移除其几乎全部视觉皮层的外科手术。手术的结果是海伦正常的视觉能力被完全摧毁，然而在汉弗莱与她合作的七年时间里，海伦似乎慢慢地重新开始"使用"她的眼睛了。在接下去的几年时间里，她的进步是如此之快以至于最终她可以在满是障碍的屋子里灵活走动，可以从地上捡起小葡萄干。她甚至可以够到并捉住一只飞过的苍蝇。她的三维空间视觉和辨别物体大小亮度的能力变得几乎完美。然而，尽管她看起来和其他正常猴子一样自信，但是哪怕是一点点细小的扰动都会使她崩溃，意外的噪音、陌生人的出现等都会使她回到失明的混乱状态。显然，她对自己"看"的能力依然怀疑，尽管她似乎能做到很多事情，但是她有意识的心智并不知道，或者更准确地说，她并没有被彻底地说服相信自己是可以做到的①。

当弗里斯还是一个位于伦敦南部的英国精神病学研究院的年轻研究员的时候，他也曾碰到过类似的病人。一个有严重失忆症的人花了一周的时间，每天光顾弗里斯的实验室，为的就是学会一个简单的动作技能。他的行为表现提升到了一个相当正常的方式，甚至隔了一个星期后，他仍能保持学过的新技能。但是与此同时，他的失忆非常严重，以至于每天他都会说从未见过弗里斯，也从未实施过这样的任务。显然，在弗里斯的这位病人身上我们可以看到，一个星期以来，每天在他身上发生的事情显然对他的脑产生了长期的影响，因为每一天他都能够做得比前一天更好。但是脑中的这种长期变化对他有意识的心智并没有产生任何影响，他不记得曾经发生过的事情。这类人的研究表明，我们的脑能够知道而心智却不知道的关于世界的事情②。

本杰明·李贝特（Benjamin Libet）和迈克尔·加扎尼加（Michael

---

① N. 汉弗莱：《一个心智的历史：意识的起源和演化》，李恒威、张静译，浙江大学出版社2015年版，第74—76页。

② C. 弗里斯：《心智的构建：脑如何创造我们的精神世界》，杨南昌等译，华东师范大学出版社2015年版，第36—37页。

Gazzaniga）分别给出了基于时间和结构维度的两种解释。李贝特在大量神经科学实验的基础上提出了时空理论（time-on theory）来解释脑是如何在有意识与无意识的心智时间之间做出区分的。李贝特指出，要造成有意识的感觉体验要求脑活动必须最少进行大约 500 毫秒。并且，同样的脑活动，虽然它们的延时不足以造成觉知，但它们却可能造成没有觉知的无意识的心智功能①。例如在 DF 身上，我们可以看到的便是她自我中心的、自下而上的、即时的、在线的行为实际上是不受影响的，但是她基于场景的自上而下的长效的离线的认知能力却是极大地受损的。视觉运动坐标只能在短时间内持续（最多几百毫秒）存在，不能当下马上就利用它的结果就是丢掉它，为此尽管无意识的行动似乎依然正常，但有意识的觉知却不可能形成②。

加扎尼加则是通过对裂脑患者的研究而给出了一个"解释器"理论③。这一理论主张，右脑负责感知而左脑负责解释。存在于左脑中的解释器接收监控视觉系统、体感系统、情绪和认知表现的区域传来的数据，并对其做出合理化的解释④。通常情况下，我们看不出人类意识的构建性质，只有当解释器系统受了愚弄，被迫在输入极度匮乏的条件下运作，犯了明显错误的时候，我们才能够观察到解释器系统的行动。例如躯体妄想症的患者，对他们而言身体的左侧不复存在，因此当医生将患者的左手举到他们面前时，并没有躯体感觉信息到达患者的解释器，这时候给出一个"这不是我的手"的回答看似特别合理。我们之所以总有一种"完整而统一"的强烈感觉，我们不曾听见自己身体里有上千个声音同时吵闹，我们的体验总是统一的……就是因为有"解释器"的存在，它对我们的感觉、记忆、行动及其之间的关系构建解释，把我们意识体验的不同方面整合成有机的整体，从混乱中诞生出秩序，从而让我们最终感觉到身心合一⑤。

① B. 里贝特：《心智时间：意识中的时间因素》，李恒熙、李恒威、罗慧怡译，浙江大学出版社 2013 年版，第 62 页。

② 李恒威、龚书：《意识与无意识：双流视觉理论》，《浙江师范大学学报》（社会科学版）2015 年第 3 期。

③ Gazzaniga, M. S. (1989), Organization of the Human Brain, *Science*, 245 (4921), pp. 947 - 952.

④ M. 加扎尼加：《谁说了算？自由意志的心理学解读》，闾佳译，浙江人民出版社 2013 年版，第 88 页。

⑤ 同上书，第 95 页。

第四章

身体自我的错觉研究

最小的自我包含两类基本的体验：拥有感和自主感，因此如果要讨论自我的建构我们首先就必须分别了解拥有感和自主感是如何被建构的。对拥有感和自主感的科学研究成为可能的前提是这类身体体验能够通过多感官刺激的方式得以改变，即拥有感或自主感在某些条件下存在而在某些条件下不存在。在我们的日常体验中，拥有感或自主感不仅都存在，而且两者往往都还是紧密结合在一起，共同存在于我们的自发动作中。尽管被动动作似乎能轻松地实现两者的分离，但仍无法提供拥有感不存在的条件。来自病理学的案例为我们提供了丰富的拥有感和自主感失调的临床证据，使我们得以分别对这两类体验进行研究。但是这样的研究一来数量有限，二来也不能直接推论至正常人身上。通过对病理性的体验不到某些特定感受的研究和通过对一个外部对象被体验为某人自己的感受的研究是当前两种常见的被用于对拥有感和自主感开展研究的方法①，较之于只能在少数病理性的特殊受试者身上开展研究的前者，后者显然更为方便与可行。就此而言，新的研究方式的引入将会有助于该领域研究的深入开展②。

一 橡胶手错觉及其变式

橡胶手错觉（rubber hand illusion）是一种将人造的橡胶手感受为自己真实身体一部分的知觉体验。因为能有效地在正常受试者身上引发并检验

---

① De Vignemont, F. (2011), Embodiment, ownership and disownership, *Consciousness and Cognition*, 20 (1), pp. 82-93.

② Ionta, S., Heydrich, L., Lenggenhager, B., Mouthon, M., Fornari, E., Chapuis, D., Blanke, O. (2011), Multisensory Mechanisms in Temporo-parietal Cortex Support Self-location and First-person Perspective, *Neuron*, 70 (2), pp. 363-374.

拥有感体验，橡胶手错觉被认为是一种身体拥有感研究中具有重大突破的实验方法，同时也是研究自我相关问题的良好范式。

认知心理学家马修·波特维尼克（Matthew Botvinick）和乔纳森·科恩（Jonathan Cohen）最先报告了这一现象。他们让受试者将他们的左手及前臂置于一张小桌子上，实验者同时将一只橡胶手置于受试者面前，并且通过在受试者的真手和橡胶手之间竖直放置一块不透明的挡板将左手隐藏于受试者视线之外，即实验过程中受试者只能看到自己面前的橡胶左手而看不见自己的真实左手。实验者同时用两把刷子轻刷受试者面前的橡胶手和他们被挡板隐藏起来不可见的真手 10 分钟后要求他们对诸如"好像我刚才是从橡胶手放置的位置感受到刷子的触觉的""我感到好像橡胶手是我自己的手"之类的陈述在李克特 7 点量表上进行赞同与否的程度评定。结果显示他们会将橡胶手感受为自己身体的一部分，并感受到触觉刺激仿佛是从橡胶手放置的那个位置来的。除了问卷报告的方法之外，波特维尼克和科恩还同时采用本体感觉偏移（proprioceptive drift）对错觉体验的程度进行了测量。所谓本体感觉偏移是指受试者自己感觉身体的某个部位所处的位置和该身体部位实际所处位置之间的偏差。实验中，在用刷子同时刷受试者的真手和橡胶手之后，实验者要求受试者在桌子下面移动自己的右手食指指向位于和左手食指对齐的位置。通常情况下，几乎所有的正常人都能轻松地完成这个任务，但是在橡胶手错觉实验中，当左手被刷子同步刷了 10 分钟之后，受试者自己手指位置的感受会出现明显的朝向橡胶手所放置位置的偏移，而且这种偏移与受试者所报告的错觉持续时间成正比[1]。

随着橡胶手错觉研究方法在相关领域内的广泛应用，越来越多相似的范式随之出现。与传统橡胶手错觉相似度最高目前又广受欢迎几乎可以被视为传统橡胶手错觉研究的等价范式的是基于虚拟现实技术的虚拟手错觉（virtual hand illusion）[2]。在虚拟手错觉研究中，橡胶手会被通过电脑屏幕所呈现的虚拟手所替代，通过刷子同时刷橡胶手和真手所控制的同步性可

---

[1]　Botvinick, M. & Cohen, J. (1998), Rubber Hands "feel" Touch that Eyes See, *Nature*, 391 (6669), pp. 756-756.

[2]　Zhang, J., Ma, K. & Hommel, B. (2015), The Virtual Hand Illusion is Moderated by Context-induced Spatial Reference Frames, *Frontiers in Psychology*, 6, p. 1659.

以通过控制真手和虚拟手移动时间之间的一致性得以实现，即如果受试者移动真手随之电脑屏幕中的虚拟手同步地移动便会形成同步的条件，而虚拟手相对真手在时间上滞后的移动会形成不同步的条件。此外还有一些虚拟手设备可以通过数据手套（data glove）采集真手的运动情况，将这些数据通过程序控制传输至电脑从而生成相应的同步或者不同步的触觉感受或移动情况。然而无论何种方式，与橡胶手错觉类似，当虚拟手的运动和真手运动同步时，受试者会报告感受到一种强烈的能够随意控制虚拟手运动的感觉，即产生虚拟手错觉[1][2][3]。

除了橡胶手错觉、虚拟手错觉之外，还存在类似的虚拟脸错觉[4]、全身错觉[5]以及虚拟声音错觉。

在虚拟脸错觉实验中，受试者在实验过程中看自己面前的电脑屏幕中他者的脸被一根棉棒轻刷，同时实验者会在受试者脸上用相同的工具施加相同的刺激，通过这种方式研究者发现受试者不仅在实验结束之后会感到电脑屏幕中的那张脸看起来更像自己的脸，而且较之实验前会觉得屏幕中的人看起来更加亲切[6]。让白人受试者看屏幕中黑人的脸被刷的同时感受自己的脸以同样的频率被实验者刷可以改变他们对黑人的内隐偏见[7]。

在全身错觉实验中，实验者在受试者身后放置摄像机，通过头盔式显示镜（head-mounted display）将摄像机所拍摄的内容实时传送给受试者，使他

① Ma, k. & Hommel, B. (2013), The Virtual-hand Illusion: Effects of Impact and Threat on Perceived Ownership and Affective Resonance, *Frontiers in Psychology*, 4, p. 604.

② Sanchez-Vives, M. V., Spanlang, B., Frisoli, A., Bergamasco, M. & Slater, M. (2010), Virtual Hand Illusion Induced by Visuomotor Correlations, *PLos One*, 5 (4), e10381.

③ Slater, M., Perez-Marcos, D., Ehrsson, H. H. & Sanchez-Vives, M. V. (2008), Towards a Digital Body: The Virtual arm Illusion, *Frontiers in Human Neuroscience*, 2, p. 6.

④ Tsakiris, M. (2008), Looking for Myself: Current Multisensory Input Alters Self-ace Recognition, *PLoS One*, 3 (12), e4040.

⑤ Petkova, V. I., Khoshnevis, M. & Ehrsson, H. H. (2011), The Perspective Matters! Multisensory Integration in Ego-centric Reference Frames Determines Full-body Ownership, *Frontiers in Psychology*, 2, p. 35.

⑥ Sforza, A., Bufalari, I., Haggard, P. & Aglioti, S. M. (2010), My Face in Yours: Visuo-tactile Facial Stimulation Influences Sense of Identity, *Social Neuroscience*, 5 (2), pp. 148–162.

⑦ Maister, L., Sebanz, N., Knoblich, G. & Tsakiris, M. (2013), Experiencing Ownership Over a Dark-skinned Body Reduces Implicit Racial bias, *Cognition*, 128 (2), pp. 170–178.

们在实验过程中看到的不是正常情况下的前方而是平常自己不会看得到的后背，仿佛受试者是站在自己身后 2 米处的位置看着自己。当实验者用两根小棍子同时轻触受试者的后背和虚拟身体的后背时，受试者会产生自己位于真实身体所处位置前方，即虚拟身体所处位置的感觉。实验结束后当根据实验者指示要求受试者闭上眼睛回到刚才所处的位置时，受试者会走到刚才虚拟身体所在的位置而不是自己真实身体所在的位置①。类似的操作不仅能让受试者对与自己真实身体一样的虚拟身体产生拥有感，甚至还能让他们对身体大小与人差异很大的人偶产生拥有感。实验者让受试者以只能看到自己的下半身的方式平躺在床上，同时给他们戴上头盔式显示镜让他们实际上看到的是比一般成年人身体大很多（400 厘米）或小很多（80 厘米或 30 厘米）的下半身。实验者在受试者脚尖施加触觉刺激的同时让他们通过头盔式显示镜看到很大的身体或很小的身体的脚尖同时受到触觉刺激。当受试者对大的身体产生拥有感的时候他们会觉得外部对象看起来变小了，而当他们对小的身体产生拥有感的时候他们会觉得外部对象看起来更大了，即对不同大小的身体产生拥有感会改变他们对外界环境的知觉②。

在声音错觉的研究中，受试者通过麦克风说话，同时他们会听到自己的声音或他人的声音作为语音反馈，结果显示不仅自己的声音被认为是自身说话的结果，就连他人的声音也被解释为是经过处理的自己的声音。而且受试者自身说话的音高还会受他人声音的影响而发生改变③。此外，对物理特性的主观觉知也会受到橡胶手错觉体验的影响④，这就意味着错觉的产生可能会引起更为抽象的身体表征的改变。

传统的橡胶手错觉只能围绕身体拥有感的研究展开，而引入运动因素之后的研究范式使得同时对拥有感和自主感开展研究也成了可能。类似的

---

① Lenggenhager, B., Tadi, T., Metzinger, T. & Blanke, O. (2007), Video Ergo Sum: Manipulating Bodily Self-consciousness, *Science*, 317 (5841), pp. 1096-1099.

② Van Der Hoort, B., Guterstam, A. & Ehrsson, H. H. (2011), Being Barbie: The Size of One's Own Body Determines the Perceived Size of the World, *PLoS One*, 6 (5), e20195.

③ Zheng, Z. Z., MacDonald, E. N., Munhall, K. G. & Johnsrude, I. S. (2011), Perceiving a Stranger's Voice as Being One's Own: A "Rubber Voice" Illusion? *PLoS One*, 6 (4), e18655.

④ Longo, M. R., Kammers, M. P., Gomi, H., Tsakiris, M. & Haggard, P. (2009), Contraction of Body Representation Induced by Proprioceptive Conflict, *Current Biology*, 19 (17), R727-R728.

应用橡胶手错觉及其变式对拥有感和自主感及其关系开展的研究还有很多，此处不再一一赘述。我们的主要目的是旨在通过介绍这种新兴方法的一些研究结果来对拥有感和自主感的建构过程进行说明与分析。

二　橡胶手错觉与拥有感

（一）拥有感的心理过程

橡胶手错觉是一种内在的主观体验，其强度无法直接观察或测量，因此采用橡胶手错觉开展研究的首要问题是要解决如何科学测量，如何选择恰当可行的方式对错觉程度进行准确评估的问题。实证层面最简单地量化这些体验的标准就是要求受试者回答一些和他们在实验过程中的体验有关的问题。李克特量表是最常用的一种用于评估感受等级的一种方式。研究中通常会采用两类特定的陈述，这两类陈述分别对应于橡胶手错觉过程中的受试者体验的核心：1. 对橡胶手拥有性的体验，即好像橡胶手是受试者自己的手或者橡胶手感受起来仿佛是他们自己身体的一部分（此类问题诸如，"我感到好像橡胶手是我自己的手"）；2. 对触觉指向的体验，即好像受试者感受到的触觉是从他们看到橡胶手被刷子刷的那个位置来的（此类问题诸如，"我感到好像我感受到的触觉是由于刷子刷橡胶手所造成的"）。错觉体验的这两方面往往被用以评估错觉的存在与否。换言之，实验者可以根据"橡胶手感受起来更像是受试者身体的一部分或者受试者感到触觉感受仿佛是从橡胶手那个位置来的"等认定出现了橡胶手错觉，或者根据这些体验的强弱来比较不同条件下橡胶手错觉体验的强弱。在橡胶手错觉拥有感问卷的编制中，往往还会加入控制问题，所谓控制问题是指实际上并不反映拥有感，相反此类问题指的通常是没有直接关系的感觉（例如，"我的手变成橡胶的了"）。这是一种很好的控制任务服从或者识别控制受试者非特定性反应的方式。

然而，无论问卷调查的方式多么实用，它始终无法避免的质疑便是客观性问题。因此，对大部分研究者而言，在橡胶手错觉的研究中引入客观的测量方式似乎必不可少，尽管大量的研究已经表明问卷调查具有相对较高的可信度。早在波特维尼克和科恩的研究中他们就已经引入本体感觉偏移程度作为辅助方式来衡量错觉体验程度①。很多研究中都使用了这种方法来测量错觉过程中受刺激的手所出现的"本体感觉偏移"②③④。通常是要求受试者通过用另一只未受刺激的手指出或用口头报告的形式说出自己真实手的位置。因为受试者无法看到自己真实手的位置，当被要求对手的位置进行判断的时候，他们只能通过"感受"手的位置来做出相应的回答。众多的研究结果表明，本体感觉偏移程度往往和错觉程度成正比。即问卷中所表现出来的错觉程度越大则本体感觉偏移程度也越大⑤⑥。但是近来的研究中也有一些结果发现，本体感觉偏移可能并不是错觉的特定测量方式，因为它也可以在没有错觉出现的情境中存在⑦⑧。在不同的研究中比较本体感觉偏移的一个主要问题是操作流程的一致性。有的研究使用知觉判断，即实验中受试者需要在一条可见的刻度尺上判断他们所感受到的自己看不见的真手的位置⑨。而在另一些研究中受试者会被要求用没有受过刺激的另一只手来指出自己感受到的看不见的那只手的位置⑩。近来有一项研究对这两种不同的测量方式进行了比较，也确认了两种不同的测

---

①　Botvinick, M. & Cohen, J. (1998), Rubber Hands "feel" Touch that Eyes See, *Nature*, 391 (6669), pp. 756-756.

②　Kammers, M. P., Longo, M. R., Tsakiris, M., Dijkerman, H. C. & Haggard, P. (2009), Specificity and Coherence of Body Representations, *Perception*, 38 (12), pp. 1804-1820.

③　Riemer, M., Kleinböhl, D., Hölzl, R. & Trojan, J. (2013), Action and Perception in the Rubber Hand Illusion, *Experimental Brain Research*, 229 (3), pp. 383-393.

④　Zhang, J., Ma, K. & Hommel, B. (2015), The Virtual Hand Illusion is Moderated by Context-induced Spatial Reference Frames, *Frontiers in Psychology*, 6, 1659.

⑤　Botvinick, M. & Cohen, J. (1998), Rubber Hands "feel" Touch that Eyes See, *Nature*, 391 (6669), pp. 756-756.

⑥　Longo, M. R., Schüür, F., Kammers, M. P., Tsakiris, M. & Haggard, P. (2008), What is Embodiment? A Psychometric Approach, *Cognition*, 107 (3), pp. 978-998.

⑦　Folegatti, A., Farne, A., Salemme, R. & De Vignemont, F. (2012), The Rubber Hand Illusion: Two's a Company, but Three's a Crowd, *Consciousness and Cognition*, 21 (2), pp. 799-812.

⑧　Rohde, M., Di Luca, M. & Ernst, M. O. (2011), The Rubber Hand Illusion: Feeling of Ownership and Proprioceptive Drift do Not go Hand in Hand, *PLos One*, 6 (6), e21659.

⑨　Tsakiris, M., Prabhu, G. & Haggard, P. (2006), Having a Body Versus Moving Your Body: How Agency Structures Body-ownership, *Consciousness and Cognition*, 15 (2), pp. 423-432.

⑩　Kalckert, A. & Ehrsson, H. H. (2012), Moving a Rubber Hand that Feels Like Your Own: A Dissociation of Ownership and Agency, *Frontiers in Human Neuroscience*, 6, p. 40.

量方式可能会导致不一样的结果①②。

另外一种比较客观地测量错觉的方式便是引入对皮肤电传导反应（skin-conductance response，SCR）的测量。这种方式通常是通过一个电极来记录皮肤在有潜在的威胁作用时所产生的随着出汗情况的不同而导致的导电性的变化。其原理是当面对一个情绪上比较明显的刺激时，受试者生理上的反应会导致出汗的增加以及导电性的增加。卡丽·阿梅尔（S. Carrie Armel）和维莱亚努尔·拉马钱德拉（Vilayanur S.Ramachandran）最早在橡胶手错觉的研究中引入了这种方法。他们将橡胶手的手指弯曲到一个解剖学上不可能的位置，结果发现如果受试者在实验中将橡胶手感受为他们自己身体的一部分，较之没有将橡胶手感受为自己身体一部分的受试者，前者会表现出更为强烈的皮肤电传导水平的上升③。其他的研究通常是通过一把刀子或一个针头对橡胶手施加威胁来设置可能引起皮肤电传导水平发生变化的条件④⑤。亨里克·埃尔森（Henrik Ehrsson）及其同事发现大脑的情绪回路所涉及前脑岛（anterior insula）和前扣带回（anterior cingulate cortex）会在橡胶手受到威胁的错觉过程中产生反应⑥。这就提供了更进一步的证据说明当橡胶手被受试者感受为自己身体一部分的时候，他们会产生对橡胶手威胁的真实的情绪反应。

① Riemer, M., Kleinböhl, D., Hölzl, R. & Trojan, J. (2013), Action and Perception in the Rubber Hand Illusion, *Experimental Brain Research*, 229 (3), pp. 383-393.

② Zhang, J., Ma, K. & Hommel, B. (2015), The Virtual Hand Illusion is Moderated by Context-induced Spatial Reference Frames, *Frontiers in Psychology*, 6, 1659.

③ Armel, K. C. & Ramachandran, V. S. (2003), Projecting Sensations to External Objects: Evidence From Skin Conductance Response, *Proceedings of the Royal Society of London B: Biological Sciences*, 270 (1523), pp. 1499-1506.

④ Ehrsson, H. H., Wiech, K., Weiskopf, N., Dolan, R. J. & Passingham, R. E. (2007), Threatening a Rubber Hand That You Feel is Yours Elicits a Cortical Anxiety Response, *Proceedings of the National Academy of Sciences*, 104 (23), pp. 9828-9833.

⑤ Guterstam, A., Petkova, V. I. & Ehrsson, H. H. (2011), The Illusion of owning a Third arm, *PLos One*, 6 (2), e17208.

⑥ Ehrsson, H. H., Wiech, K., Weiskopf, N., Dolan, R. J. & Passingham, R. E. (2007), Threatening a Rubber Hand That You Feel is Yours Elicits a Cortical Anxiety Response, *Proceedings of the National Academy of Sciences*, 104 (23), pp. 9828-9833.

除了通过使用不同的方法来对错觉程度进行测量外，还有很多研究致力于探究影响拥有感错觉产生的因素及其机制。研究者认为影响错觉产生的首要原因是视触两类感官输入的同步性。如果想要让受试者产生错觉，必须让两把刷子尽可能同步地刷可见的橡胶手和不可见的真实手。岛田宗太郎（Sotaro Shimada）等通过改变视觉输入与触觉刺激之间的时间间隔发现，当延时在 300 毫秒以内时，受试者能够体验到较强的对橡胶手的拥有感；当延时为 400 毫秒至 500 毫秒时，拥有感错觉程度会大大降低；而当延时增加至 600 毫秒时橡胶手就无法再被感受为自己身体的一部分了①。为此，几乎所有的橡胶手错觉研究中都会将不同步的刺激作为控制条件进行比较，并且几乎所有传统橡胶手错觉的研究都发现在刺激不同步的条件下错觉并不会出现，即当刷受试者真手的刷子的节奏和受试者所观察到的作用在他们所能看到的橡胶手上的刷子的节奏在时间上不同步的时候，并不会产生拥有感错觉体验，受试者既不会感受到橡胶手成了他们自己身体的一部分，也不会觉得他们所体验到的刷子的触觉是从橡胶手被刷的那个位置来的②③④。因此，两类感官输入，即真手上的触觉感受和受试者所观察到的橡胶手被刷的视觉感受，在时间上必须一致。换言之，同步地施加视觉—触觉刺激是一个至关重要的因素。这为橡胶手错觉产生过程中自下而上的信息匹配发挥着重要作用提供了证据。

影响错觉产生的因素除了时间一致性外还有空间一致性，即受试者的真手和橡胶手之间的距离。除了对空间因素进行控制的研究，一般橡胶手错觉研究都会将真手和橡胶手之间的距离控制在 10—15 厘米。堂娜·劳埃德（Donna M. Lloyd）的研究发现，随着受试者真手和橡胶手之间的距

---

① Shimada, S., Fukuda, K. & Hiraki, K. (2009), Rubber Hand Illusion Under Delayed Visual Feedback, *PLoS One*, 4 (7), e6185.

② Botvinick, M. & Cohen, J. (1998), Rubber Hands "feel" Touch that Eyes See, *Nature*, 391 (6669), pp. 756-756.

③ Ehrsson, H. H., Spence, C. & Passingham, R. E. (2004), That's My Hand! Activity in Premotor Cortex Reflects Feeling of Ownership of a Limb, *Science*, 305 (5685), pp. 875-877.

④ Tsakiris, M. & Haggard, P. (2005b), The Rubber Hand Illusion Revisited: Visuotactile Integration and Self-attribution, *Journal of Experimental Psychology: Human Perception and Performance*, 31 (1), pp. 80-91.

离增加，受试者所感受到的错觉程度会逐渐下降乃至最终消失。当橡胶手被移动至距离受试者真手 27.5 厘米处时，错觉程度会出现显著的降低。他们认为这可能意味着我们身体周围的动态视觉接收区是有限的①。但是阿梅尔和拉马钱德拉的研究结果却与之相悖：当橡胶手错觉产生之后撤掉橡胶手，面对光秃秃的桌面时，受试者仍报告说他们能感受到位于桌面上的触觉。在真手和桌面上都贴有创可贴的情况下，撕掉桌面上的创可贴时，皮肤电传导反应能监测到受试者情绪的变化。当橡胶手被移至距离真手 3 英尺（约 91 厘米）的位置时，错觉也依然存在②。可见并不是所有的研究都发现了此类距离现象的存在。为此有研究者指出，不仅是真假手之间的距离很重要，而且橡胶手和身体之间的相对位置也会对错觉产生重要影响③。然而距离的确切作用其实尚未完全清楚，并且目前研究所观察到的距离对错觉的影响还包括其他的一些因素，诸如两手之间的摆放情况以及它们和身体之间的位置等。

此外，特征一致性，如橡胶手的姿势、和真手在外观上的差异程度等，也被认为会对橡胶手错觉实验中的拥有感体验产生影响。扎克瑞斯及其同事发现当橡胶手被旋转至与真手成 90 度角的位置时，本体感觉偏移的测量表明错觉程度出现了显著的下降④。与之结果一致的研究也不在少数，即当橡胶手的摆放位置处于一个从受试者手臂的角度出发的一个解剖学上不可能的位置，例如成 90 度或者 180 度角的时候，错觉体验便不会产生⑤⑥。并且有的研究发现并不是所有的对象都可以被使用

---

① Lloyd, D. M. (2007), Spatial Limits on Referred Touch to an Alien Limb May Reflect Boundaries of Visuo-tactile Peripersonal Space Surrounding the Hand, *Brain and Cognition*, 64 (1), pp. 104–109.

② Armel, K. C. & Ramachandran, V. S. (2003), Projecting Sensations to External Objects: Evidence From Skin Conductance Response, *Proceedings of the Royal Society of London B: Biological Sciences*, 270 (1523), pp. 1499–1506.

③ Preston, C. (2013), The Role of Distance From the Body and Distance From the Real Hand in Ownership and Disownership During the Rubber Hand Illusion, *Acta Psychologica*, 142 (2), pp. 177–183.

④ Tsakiris, M., Haggard, P., Franck, N., Mainy, N. & Sirigu, A. (2005), A Specific Role for Efferent Information in Self-recognition, *Cognition*, 96 (3), pp. 215–231.

⑤ Ehrsson, H. H., Spence, C. & Passingham, R. E. (2004), That's my Hand! Activity in Premotor Cortex Reflects Feeling of Ownership of a Limb, *Science*, 305 (5685), pp. 875–877.

⑥ Ide, M. (2013), The Effect of "Anatomical Plausibility" of Hand Angle on the Rubber-hand Illusion, *Perception*, 42 (1), pp. 103–111.

的：用与人手毫无相似之处的木块来代替橡胶手，或是用左手来代替右手时（如受试者被刷的手是右手而实际放置于他们面前的橡胶手是左手），拥有感错觉也会消失①②。这很有可能是由于关于什么对象成为我们身体一部分的自上而下的知识所影响的，即橡胶手错觉产生过程中可能存在来自身体意象（如果存在）的干预。然而与空间一致性原则类似，特征一致性的结论也不绝对一致。尽管虚拟手错觉被认为几乎等同于橡胶手错觉，但是通过虚拟手错觉范式对特征一致性所开展的研究结果却发现，受试者甚至能对虚拟的气球或者虚拟的正方形木块产生拥有感。可见拥有感的影响因素并不是简单的相互独立的各自对拥有感形成发挥作用。

影响因素方面的不一致导致了研究者对拥有感错觉产生机制的解释出现分歧：有些学者认为是多感官整合的单一作用③④，也有研究者认为是多感官整合和身体表征的共同作用⑤⑥。对此我们认为，一方面可能是因为不同研究中的实验设备、操作过程以及衡量拥有感的因变量指标存在差异；另一方面也可能是因为我们原本视之为理所当然的某些事物可能并不如我们所预设的那么稳定不变⑦。即拥有感作为一种在大部分情况下都看似稳定的主观体验很有可能是一个动态的建构过程

① Guterstam, A., Petkova, V. I. & Ehrsson, H. H. (2011), The Illusion of Owning a Third Arm, *PLoS One*, 6 (2), e17208.

② Tsakiris, M., Carpenter, L., James, D. & Fotopoulou, A. (2010), Hands Only Illusion: Multisensory Integration Elicits Sense of Ownership for Body Parts but not for Non-corporeal Objects, *Experimental Brain Research*, 204 (3), pp. 343-352.

③ Hohwy, J. & Paton, B. (2010), Explaining Away the Body: Experiences of Supernaturally Caused Touch and Touch on Non-hand Objects Within the Rubber Hand Illusion, *PLoS One*, 5 (2), e9416.

④ Schütz-Bosbach, S., Tausche, P. & Weiss, C. (2009), Roughness Perception During the Rubber Hand Illusion, *Brain and Cognition*, 70 (1), pp. 136-144.

⑤ Makin, T. R., Holmes, N. P. & Ehrsson, H. H. (2008), On the Other Hand: Dummy Hands and Peripersonal Space, *Behavioural Brain Research*, 191 (1), pp. 1-10.

⑥ Tsakiris, M. (2010), My Body in the Brain: A Neurocognitive Model of Body-ownership, *Neuropsychologia*, 48 (3), pp. 703-712.

⑦ Zhang, J., Ma, K. & Hommel, B. (2015), The Virtual Hand Illusion is Moderated by Context-induced Spatial Reference Frames, *Frontiers in Psychology*, 6, p. 1659.

的产物。

但是，基于这些观察我们依然可以对橡胶手错觉的知觉规则进行一些归纳：1. 刺激的作用需要出现在时间一致性的前提下；2. 刺激必须在空间上是从同一个区域出现的；3. 橡胶手需要被摆放成一个和受试者真手一致的姿势。这三条原则的任意一条被打破的时候，拥有感错觉都会出现显著的降低甚至消失。

橡胶手错觉中拥有感的心理过程研究显然是最热门的话题，但拥有感的脑过程和神经认知过程也随着研究的日益深入引起了研究者的关注。

（二）拥有感的认知神经过程

除了拥有感的心理过程，基于橡胶手错觉的研究同时还重视对身体拥有感认知神经过程的探索。橡胶手错觉中涉及身体拟合度的检验、身体相关的多感官整合以及身体拥有感的主观体验等过程。下面我们将根据大量神经成像技术的研究发现对这三个过程中所涉及的脑区进行一些介绍与归纳。

首先，基于右脑颞顶联合区域（right temporoparietal junction）在包括自我识别（self-recognition）、心理理论（theory of mind）、观点采择（perspective taking）等一系列与自我相关问题的心理任务中均会出现激活，研究者提出在橡胶手错觉中右脑颞顶联合区域可能起着重要作用的假设。为了检验这一区域的具体作用，扎克瑞斯等在橡胶手错觉实验中同步的视觉—触觉刺激之后的 350 毫秒的时间点上通过经颅磁刺激（transcranial magnetic stimulation，TMS）作用于右侧颞顶联合区。实验结果表明，原本在橡胶手错觉实验中，受试者会对与自己真手相似度较高的橡胶手产生强烈的拥有感而对与真手没有任何相似度的中性外部对象并不会产生拥有感的对比效应不再出现①，以本体感觉偏移为指标衡量的拥有感错觉程度表现出橡胶手被纳入一个人自己身体表征中程度的下降，而与此同时，中性外部对象被接纳的程度则有所上升。这一结果说明 TMS 对右侧颞顶联合

---

① Tsakiris, M., Carpenter, L., James, D. & Fotopoulou, A. (2010), Hands Only Illusion: Multisensory Integration Elicits Sense of Ownership for Body Parts but not for Non-corporeal Objects, *Experimental Brain Research*, 204 (3), pp. 343–352.

区的作用似乎会有损特定的身体拟合度检验的过程①。因此，有研究者认为右侧颞顶联合区可能是多重认知加工所需要的一个单一的计算机制的基础，这一机制会涉及内部状态（例如对身体或更为一般的自我的预测和表征）和外部感官事件的比较。这种基本的计算机制不仅对于自我和外部世界的交互作用非常关键，而且对自我—他者交互中所涉及的更高级的认知功能也至关重要②。

其次，橡胶手错觉还涉及明显的多感官刺激整合的过程。基于功能性磁共振成像（functional magnetic resonance imaging，fMRI）技术对橡胶手错觉过程中的相关脑区进行的研究发现在产生橡胶手错觉的条件下，大脑两侧的腹侧前运动皮层（ventral premotor cortex）、顶内沟（intraparietal cortex）、后顶叶（posterior parietal cortex）、顶下小叶（inferior parietal lobule）等区域均会产生激活③④⑤⑥。研究表明，腹侧前运动皮层和顶内沟的激活只出现在视觉—触觉刺激同步的条件下，当施加在真手上的触觉刺激和施加在橡胶手上的视觉刺激不同步时这两个区域的激活并不会出现⑦。由于这两个区域和多感官刺激的加工有关，尤其是和源自手部的特定的视

①　Tsakiris, M., Costantini, M. & Haggard, P. (2008), The Role of the Right Temporoparietal Junction in Maintaining a Coherent Sense of One's Body, *Neuropsychologia*, 46, pp. 3014-3018.

②　Decety, J. & Lamm, C. (2007), The Role of the Right Temporoparietal Junction in Social Interaction: How Low-level Computational Processes Contribute to Metacognition, *The Neuroscientist: A Review Journal Bringing Neurobiology, Neurology and Psychiatry*, 13, pp. 580-593.

③　Ehrsson, H. H., Wiech, K., Weiskopf, N., Dolan, R. J. & Passingham, R. E. (2007), Threatening a Rubber Hand That you Feel is Yours Elicits a Cortical Anxiety Response, *Proceedings of the National Academy of Sciences*, 104 (23), pp. 9828-9833.

④　Makin, T. R., Holmes, N. P. & Ehrsson, H. H. (2008), On the Other Hand: Dummy Hands and Peripersonal Space, *Behavioural Brain Research*, 191 (1), pp. 1-10.

⑤　Brozzoli, C., Gentile, G., Petkova, V. I. & Ehrsson, H. H. (2011), FMRI Adaptation Reveals a Cortical Mechanism for the Coding of Space Near the Hand, *The Journal of Neuroscience*, 31 (24), pp. 9023-9031.

⑥　Gentile, G., Guterstam, A., Brozzoli, C. & Ehrsson, H. H. (2013), Disintegration of Multisensory Signals From the Real Hand Reduces Default Limb Self-attribution: An FMRI Study, *The Journal of Neuroscience*, 33 (33), pp. 13350-13366.

⑦　Ehrsson, H. H., Spence, C. & Passingham, R. E. (2004), That's My Hand! Activity in Premotor Cortex Reflects Feeling of Ownership of a Limb, *Science*, 305 (5685), pp. 875-877.

觉和触觉信号有关①，这一结果再次为多感官刺激的整合可能是导致橡胶手错觉产生的一个主要因素的假设提供了实验证据。后顶叶的主要作用是整合与橡胶手有关的多感官信息。这一整合在橡胶手错觉体验发生之前开始，说明后顶叶所涉及的过程可能是消解视觉刺激和触觉刺激之间的冲突，其结果就是对视觉和触觉坐标系的再校准②。由于顶下小叶主要是处理与身体轮廓的知觉判断有关的信息③，因此顶下小叶在橡胶手错觉中的作用主要表现为对身体部分的空间关系的表征④。并且研究还发现腹侧前运动皮层的激活和错觉体验的主观强度相联系、后顶叶皮层和本体感觉偏移相联系，说明这些区域可能还在拥有感错觉的认知神经过程的不同方面各自发挥着作用⑤⑥⑦。

此外，橡胶手错觉中最为重要的一点当然就是对身体拥有感的主观体验。扎克瑞斯及其同事通过正电子断层扫描技术（positron emission tomography，PET）所进行的研究发现后脑岛的激活和不同条件之间的本体感觉偏移之间存在着正相关⑧，说明了脑岛在拥有感的主观体验中可能起着

---

① Lloyd, D. M., Shore, D. I., Spence, C. & Calvert, G. A. (2003), Multisensory Representation of Limb Position in Human Premotor Cortex, *Nature Neuroscience*, 6 (1), pp. 17-18.

② Makin, T. R., Holmes, N. P. & Ehrsson, H. H. (2008), On the Other Hand: Dummy Hands and Peripersonal Space, *Behavioural Brain Research*, 191 (1), pp. 1-10.

③ Dijkerman, H. C. & de Haan, E. H. (2007), Somatosensory Processes Subserving Perception and Action, *Behavioural Brain Science*, 30, pp. 189-201.

④ Buxbaum, L. J. & Coslett, H. B. (2001), Specialised Structural Descriptions for Human Body Parts: Evidence From Autotopagnosia, *Cognitive Neuropsychology*, 18, pp. 289-306.

⑤ Bremmer, F., Schlack, A., Shah, N. J., Zafiris, O., Kubischik, M., Hoffmann, K. P., ... Fink, G. R. (2001), Polymodal Motion Processing in Posterior Parietal and Premotor Cortex: A Human FMRI Study Strongly Implies Equivalencies Between Humans and Monkeys, *Neuron*, 29 (1), pp. 287-296.

⑥ Makin, T. R., Holmes, N. P. & Zohary, E. (2007), Is that Near My Hand? Multisensory Representation of Peripersonal Space in Human Intraparietal Sulcus, *The Journal of Neuroscience*, 27 (4), pp. 731-740.

⑦ Schlack, A., Sterbing-D'Angelo, S. J., Hartung, K., Hoffmann, K.-P. & Bremmer, F. (2005), Multisensory Space Representations in the Macaque Ventral Intraparietal Area, *The Journal of Neuroscience*, 25 (18), pp. 4616-4625.

⑧ Tsakiris, M., Hesse, M. D., Boy, C., Haggard, P. & Fink, G. R. (2007), Neural Signatures of Body Ownership: A Sensory Network for Bodily Self-consciousness, *Cerebral Cortex*, 17 (10), pp. 2235-2244.

重要的作用。关于脑岛的研究表明内省觉知的很多方面，诸如和身体的生理的和情绪的调节有关的伤害感受或温度感知等，都显著地涉及脑岛皮层的活动①②③④。脑岛能接受躯体生理状态的信息，然后产生主观体验。并且，脑岛在身体觉知中的作用在神经病理学的病人身上也有体现，例如那些身体知觉方面有障碍的病人，其脑岛在知觉过程中表现出明显的激活不足⑤⑥。此外，人类脑岛在加工未发生的事件时也十分重要。当你做出在寒冷的一天出去的决定之前，你的躯体在你接触寒冷的天气之前就会做好准备，比如血压升高以提高新陈代谢，这一切都应当归功于脑岛的作用。因此，脑岛和错觉过程中明显的本体感觉偏移有关不仅为本体感觉偏移作为拥有感错觉的指标提供了佐证，同时也说明了拥有感的产生可能会影响更高级的情感和认知加工。

综上，产生身体拥有感的脑过程同时依赖于对当前的感官信息的整合和身体的内部模型之间的作用。右侧颞顶联合区可能是通过保持一个预先存在的对身体的相对表征而成为同化新颖的多感官信号的基础，决定是否将所看到的外部对象纳入相对的身体模型之中。初级和次级的躯体感官皮层能够保持一个在线的对当前身体状态的解剖学和姿势的表征并使之与被刺激的外部对象的解剖学和姿势的特征进行比较。与橡胶手错觉过程中身体拥有感的发生相联系的感官信息的整合与后顶叶和腹侧前运动皮层的活动有关。多感官信息的整合和手部位置的再校准，也就是对橡胶手的拥有感体验，则是与右后脑岛的激活有关。此外还有研究表明脑岛和更高级的

①　Björnsdotter, M., Löken, L., Olausson, H., Vallbo, A. & Wessberg, J. (2009), Somatotopic Organization of Gentle touch Processing in the Posterior Insular Cortex, *The Journal of Neuroscience*, 29 (29), pp. 9314-9320.

②　Craig, A. (2003), Interoception: the Sense of the Physiological Condition of the Body, *Current Opinion in Neurobiology*, 13 (4), pp. 500-505.

③　Critchley, H. D., Wiens, S., Rotshtein, P., Öhman, A. & Dolan, R. J. (2004), Neural Systems Supporting Interoceptive Awareness, *Nature Neuroscience*, 7 (2), pp. 189-195.

④　Löken, L. S., Wessberg, J., McGlone, F. & Olausson, H. (2009), Coding of Pleasant Touch by Unmyelinated Afferents in Humans, *Nature Neuroscience*, 12 (5), pp. 547-548.

⑤　Baier, B. & Karnath, H. O. (2008), Tight Link Between Our Sense of Limb Ownership and Self-awareness of Actions, *Stroke*, 39 (2), pp. 486-488.

⑥　Karnath, H.-O. & Baier, B. (2010), Right Insula for Our Sense of Limb Ownership and Self-awareness of Actions, *Brain Structure and Function*, 214 (5-6), pp. 411-417.

身体的躯体感官加工有关，这些加工与身体信号的主观觉知和情感加工相联系①②。基于橡胶手错觉的这些神经成像研究的结果说明，上述拥有感所涉及的这些区域可能形成一个网络，在联系当前的感官刺激和一个人自己身体乃至自我觉知的过程中发挥基础性的作用③。

三　橡胶手错觉与自主感

较之拥有感，自主感因其包含了更多的心理成分而更难界定。这里我们只关注自主感如何作为一种有助于人类进行自我识别的基本体验而与橡胶手错觉范式之间发生的联系。在传统的橡胶手错觉范式中引入运动因素而形成的新范式被证明可以很好地用于开展自主感的相关研究。引入运动因素后的橡胶手错觉范式（现在更多的研究者会使用虚拟手错觉范式）可以通过控制动作的反馈来影响自主感。自主感的时空一致性研究发现，如果我们的实际动作和被观察的动作之间的时间间隔小于150毫秒而空间旋转角度为15—20度时，自主感并不会受到很大的影响④。

对于自主感错觉的产生，最有影响力的解释是基于运动控制的框架——为了实现对动作的精确控制，运动系统不仅要利用感官反馈，而且需要进行预测，并将预测的结果与实际的反馈进行比较。不一致的反馈会向运动系统发出信号指导其监控并对行为做出相应的调整⑤。这些输出副本机制可能就是心理上自主体验的基础。但是，与拥有感的研究类似，这一理论框架也无法为所有的现象提供解释，如有些研究发现在某些特定条

---

① Craig, A. D. (2002), How do you Feel? Interoception: The Sense of the Physiological Condition of the Body, *Nature Reviews Neuroscience*, 3, pp. 655-666.

② Craig, A. D. (2009), How Do You Feel-now? The Anterior Insula and Human Awareness, *Nature Reviews Neuroscience*, 10, pp. 59-70.

③ Tsakiris, M. (2010), My Body in the Brain: A Neurocognitive Model of Body-ownership, *Neuropsychologia*, 48, pp. 703-712.

④ Jeannerod, M. (2003), The Mechanism of Self-recognition in Humans, *Behavioural Brain Research*, 142 (1), pp. 1-15.

⑤ Franklin, D. W. & Wolpert, D. M. (2011), Computational Mechanisms of Sensorimotor Control, *Neuron*, 72 (3), pp. 425-442.

件下，即便是存在较大的时空差异，也还是可以体验到自主感①。这就暗示着我们对于动作的体验可能并不仅仅依赖于精确的感觉运动一致性，同时也依赖于更为一般的动作和意图之间的一致性。

（一）自主感的心理过程

自主感过程中的一个关键因素是动作及其反馈之间的一致性，即预期的结果和实际的结果之间的比较。因此，很多研究都通过操纵动作的反馈（视觉反馈或听觉反馈）②③④⑤。例如，随着按下按钮和随后出现的声音之间的延时增加，受试者认为自己是导致声音出现的原因的感觉便会下降。此外，当随后出现的声音与受试者所预期出现的声音之间的频率不一样的时候自主感也会下降⑥。除了时间偏差之外，空间偏差也被发现会对自主感产生影响。例如，当光标和控制杆的移动在空间上被扭曲之后，类似的自主感程度的降低便会被观察到⑦⑧。调查自主感空间、时间规则的研究发现我们自主感依然存在的阈值在时间上是延时为 0—150 毫秒，而在空

①　Preston, C. & Newport, R. (2010), Self-denial and the Role of Intentions in the Attribution of Agency, *Consciousness and Cognition*, 19 (4), pp. 986-998.

②　Franck, N., Farrer, C., Georgieff, N., Marie-Cardine, M., Daléry, J., d'Amato, T. & Jeannerod, M. (2001), Defective Recognition of One's Own Actions in Patients With Schizophrenia, *American Journal of Psychiatry*, 158 (3), pp. 454-459.

③　Haggard, P. & Chambon, V. (2012), Sense of Agency, *Current Biology*, 22 (10), R390-R392.

④　Sato, A. & Yasuda, A. (2005), Illusion of Sense of Self-agency：Discrepancy Between the Predicted and Actual Sensory Consequences of Actions Modulates the Sense of Self-agency, But Not the Sense of Self-ownership, *Cognition*, 94 (3), pp. 241-255.

⑤　Tsakiris, M., Haggard, P., Franck, N., Mainy, N. & Sirigu, A. (2005), A Specific Role for Efferent Information in Self-recognition, *Cognition*, 96 (3), pp. 215-231.

⑥　Sato, A. & Yasuda, A. (2005), Illusion of Sense of Self-agency：Discrepancy Between the Predicted and Actual Sensory Consequences of Actions Modulates the Sense of Self-agency, But Not the Sense of Self-ownership, *Cognition*, 94 (3), pp. 241-255.

⑦　Farrer, C., Bouchereau, M., Jeannerod, M. & Franck, N. (2008), Effect of Distorted Visual Feedback on the Sense of Agency, *Behavioural Neurology*, 19 (1, 2), pp. 53-57.

⑧　Franck, N., Farrer, C., Georgieff, N., Marie-Cardine, M., Daléry, J., d'Amato, T. & Jeannerod, M. (2001), Defective Recognition of One's Own Actions in Patients With Schizophrenia, *American Journal of Psychiatry*, 158 (3), pp. 454-459.

间上则是偏移 15—20 度①②。超出这些范围之后受试者便会开始将反馈判断为和他们的预期是不一样的，即不会再认为是自己的动作引起反馈的出现。

对于这些现象一个极有影响力的解释是基于运动控制的框架③④。为了实现对运动系统的精确控制，我们不仅需要感官反馈，而且需要使用预测（前向模型，详见"精神分裂症"部分）与实际的反馈进行比较。不一致的反馈会指示运动系统监控和对运动进行相应调整的必要性。实际上，运动控制中的这些预测过程的作用在一些任务中已有体现⑤⑥，并且这些输出副本机制可能还是自主性心理体验的基础⑦⑧⑨。然而，还有研究发现这一框架并不能解释所有对于自主感的观察。有一些研究表明在一些条件下，受试者甚至能在很大空间时间不一致情况下感受到自主感⑩（Fourneret & Jeannerod, 1998；Preston & Newport, 2010）。

---

① Jeannerod, M. (2003), The Mechanism of Self-recognition in Humans, *Behavioural Brain Research*, 142 (1), pp. 1-15.

② Shimada, S., Fukuda, K. & Hiraki, K. (2009), Rubber Hand Illusion Under Delayed Visual Feedback, *PLoS One*, 4 (7), e6185.

③ Bays, P. M. & Wolpert, D. M. (2006), Actions and Consequences in Bimanual Interaction are Represented in Different Coordinate Systems, *The Journal of Neuroscience*, 26 (26), pp. 7121-7126.

④ Franklin, D. W. & Wolpert, D. M. (2011), Computational Mechanisms of Sensorimotor Control, *Neuron*, 72 (3), pp. 425-442.

⑤ Johansson, R. S. & Flanagan, J. R. (2009), Coding and Use of Tactile Signals From the Fingertips in Object Manipulation Tasks, *Nature Reviews Neuroscience*, 10 (5), pp. 345-359.

⑥ Shergill, S. S., Bays, P. M., Frith, C. D. & Wolpert, D. M. (2003), Two Eyes for an Eye: The Neuroscience of Force Escalation, *Science*, 301 (5630), pp. 187-187.

⑦ Blakemore, S. J. & Frith, C. (2003), Self-awareness and Action, *Current Opinion in Neurobiology*, 13 (2), pp. 219-224.

⑧ Frith, C. D. & Wolpert, D. M. (2000), Abnormalities in the Awareness and Control of Action, *Philosophical Transactions of the Royal Society of London B: Biological Sciences*, 355 (1404), pp. 1771-1788.

⑨ Haggard, P. (2005), Conscious Intention and Motor Cognition, *Trends in Cognitive Sciences*, 9 (6), pp. 290-295.

⑩ Fourneret, P. & Jeannerod, M. (1998), Limited Conscious Monitoring of Motor Performance in Normal Subjects, *Neuropsychologia*, 36 (11), pp. 1133-1140.

　　这就使得一些研究者提出我们对动作的体验不仅仅依赖于精确的感官运动一致性，而且依赖于更为一般的意图和动作之间的一致性①。并且实际上，这种解释能够说明有些研究中观察到的受试者在实际上动作和刺激并没有因果关系时感受到自主感的现象。例如，丹尼尔·魏格纳（Daniel Wegner）及其同事通过耳机向受试者呈现听觉启动刺激，同时让他们看站在其身后的实验人员伸开的双臂。实验人员随后会执行一系列的动作（诸如挥一挥你的手），与此同时受试者会听到相同的指令通过耳机发出。当受试者所听到的词语或短句与他们所看到的动作一致的时候，受试者会真切地感受到对动作的自主感②。在这些例子中，自主性的体验不能从感官运动一致性中推断出来，或者也不能从任何的感受中推断出来，因而只能从其他非感官运动的线索中推断出来。

　　但是在当前对自主感的研究中存在一个最基本的问题就是实验方法的不一致性③④⑤。加拉格尔指出自主感是一个既复杂（complex）又模糊（ambiguous）的概念，它有着不同的来源，有些可能是反思层面上有意识的，有些可能是前反思层面上有意识的，有些还可能完全是非意识的⑥。根据实际的任务需要（例如对源于手的移动的反馈和对源于鼠标的移动的反馈的判断），自主性的知觉可能不一样，并且可能会被判断为基于不同

　　① Wegner, D. （2003）, The Illusion of Conscious will, Cambridge, MA：MIT Press, p. 96.

　　② Wegner, D. M., Sparrow, B. & Winerman, L. （2004）, Vicarious agency：Experiencing Control Over the Movements of Others, *Journal of Personality and Social Psychology*, 86 （6）, pp. 838-848.

　　③ David, N. （2012）, New Frontiers in the Neuroscience of the Sense of Agency, *Frontiers in Human Neuroscience*, 6 （161）.

　　④ Gallagher, S. （2012）, Multiple Aspects in the Sense of Agency, *New Ideas in Psychology*, 30 （1）, pp. 15-31.

　　⑤ Haggard, P. & Chambon, V. （2012）, Sense of Agency, *Current Biology*, 22 （10）, R390-R392.

　　⑥ Gallagher, S. （2012）, Multiple Aspects in the Sense of Agency, *New Ideas in Psychology*, 30 （1）, pp. 15-31.

种类的信息①②。但是扎克瑞斯和帕特里克·哈格德（Patrick Haggard）指出，本质上所有自主性范式中受试者都需要的是移动③。因为感官运动连续性总是存在的，并且在这样的运动体验中分离输入信号和输出信号的贡献是很难的。

一种调节这些不同观察的方法就是区分自主性的不同水平。研究者提出了不同的划分方式，比如分为前反思的自主性（pre-reflective agency）和反思的自主性（reflective agency）④；内隐的自主性（implicit agency）和外显的自主性（explicit agency）⑤；客观的自主感（objective agency）和主观的自主性（subjective agency）⑥；或者自主性的判断（judgement of agency）和自主性的感受（feeling of agency）⑦。这些分类的核心是这样一种观点，即自主性不可能仅根据感官运动连续性推断出来，而且还需要结合环境信息。因此在自主感中，我们必须考虑一个多因素的加工过程，自主性可能是通过感官运动一致性和环境信息共同产生的。当环境信息或实现某一特定目标的意图被评价为具有更高价值时，感官运动不一致性就能够被忽视，从而受试者依然会通过整合这些其他信息而体验到自主感⑧⑨。

① Farrer, C., Valentin, G. & Hupé, J. (2013), The Time Windows of the Sense of Agency, *Consciousness and Cognition*, 22 (4), pp. 1431-1441.

② Yomogida, Y., Sugiura, M., Sassa, Y., Wakusawa, K., Sekiguchi, A., Fukushima, A., ... Kawashima, R. (2010), The Neural Basis of Agency: An FMRI Study, *Neuro Image*, 50 (1), pp. 198-207.

③ Tsakiris, M. & Haggard, P. (2005a), Experimenting with the Acting Self, *Cognitive Neuropsychology*, 22 (3-4), pp. 387-407.

④ Gallagher, S. (2012), Multiple Aspects in the Sense of Agency, *New Ideas in Psychology*, 30 (1), pp. 15-31.

⑤ Moore, J.W., Middleton, D., Haggard, P. & Fletcher, P.C. (2012), Exploring Implicit and Explicit Aspects of Sense of Agency, *Consciousness and Cognition*, 21 (4), pp. 1748-1753.

⑥ Hommel, B. (2015), Action Control and the Sense of Agency, in P. Haggard & B. Eitam (Eds.), *The Sense of Agency*, New York: Oxford University Press, pp. 307-326.

⑦ Synofzik, M., Vosgerau, G. & Newen, A. (2008a), Beyond the Comparator Model: A Multifactorial Two-step Account of Agency, *Consciousness and Cognition*, 17 (1), pp. 219-239.

⑧ Farrer, C., Valentin, G. & Hupé, J. (2013), The Time Windows of the Sense of Agency, *Consciousness and Cognition*, 22 (4), pp. 1431-1441.

⑨ Sato, A. (2009), Both Motor Prediction and Conceptual Congruency Between Preview and Action-effect Contribute to Explicit Judgment of Agency, *Cognition*, 110 (1), pp. 74-83.

另一种研究自主感的内部困难是寻找一种客观的方式来测量自主感。自主性的体验似乎存在于我们有意识体验的每时每刻，"我之所以会伸手去拿水杯是因为我想要这么做"，这一体验是如此真实与不可置疑。但是神经科学家里贝特却用实验告诉我们事实并非如此。里贝特设计了一个特殊的方法来测定受试者决定行动的时间，他称之为意志（will）。实验中，他在受试者面前的屏幕上呈现类似于闹钟的东西，上面有一个点在绕圈走。随后他让受试者看着那个时钟并记下自己决定行动时间所在的位置。里贝特发现，决定行动的时间在行动前的200毫秒产生。但在意志之前350毫秒左右，脑电图可以探测到一个逐渐增强的信号，他称之为准备电位（rediness potential）。换言之，在行动前约550毫秒，准备电位便已经出现，大脑准备运动的过程比人有意识决定行动的时间要早约1/3秒[①]。从大脑的角度来看，这是一段相当长的时间了。为此，在我们有意识地决定运动之前到体验到自主感的过程中一定产生了大量的神经加工过程。

（二）　自主感的认知神经过程

鉴于存在上述的一系列和自主感关系密切的不同概念和成分，在自主感的过程中涉及很多不同的脑区就毫不奇怪了。较之认知科学领域中其他方面的研究，至今为止所开展的对于自主感认知神经过程的研究依然处于起步阶段。这一方面固然是由于对自主感感兴趣的可能更多的是哲学家和临床医生而非实验主义者，另一方面可能是自主感本身的复杂性、多面性以及无法给出确切的操作性定义所导致的。当然，随着认知神经科学中方法论的发展和自主感本身概念上的澄清以及跨学科研究的不断深入，已经有越来越多的研究开始致力于对自主性体验的脑基础的探究[②]。基于fMRI

---

① B. 里贝特：《心智时间：意识中的时间因素》，李恒熙、李恒威、罗慧怡译，浙江大学出版社2013年版，第77—78页。

② David，N.（2010），Functional Anatomy of the Sense of Agency：Past Evidence and Future Directions，in M. Balconi（Eds.），*Neuropsychology of the Sense of Agency*，Heidelberg：Springer，pp. 69-80.

以及早期的 PET 技术所发现的和自主感有关的脑区主要包括下顶叶或后顶叶[1]、小脑（cerebellum）[2]、辅助运动皮层（supplementary motor area）[3]以及颞上沟后部（posterior superior temporal sulcus）[4] 和脑岛[5]。

顶叶皮层，尤其是其中的下顶叶和后顶叶被认为是与自主感的发生有着密切联系的最基础的区域。下顶叶和后顶叶的激活主要是出现在预测的动作效果和实际的动作效果不一致的实验范式所进行的研究中。这些范式的基础是比较器模型，根据这一模型，预测的结果（通常是以输出副本的形式出现）和实际的感官反馈之间比较的目的是以如下方式产生或阻止拥有感的产生：如果预测的状态和实际的状态一致，那么感官事件会被归因为主体自己；如果预测的状态和实际的反馈不一致，那么感官事件则会被归因为另一个自主体的动作（详见"自主感"）。实际上，作为多模态的区域，下顶叶和后顶叶的这种激活并不能作为它们是比较发生之处的充分条件，尽管存在一些研究说明了它们的重要性。例如有研究表明，通过TMS 刺激健康受试者的后顶叶皮层之后，他们会对自己手指移动和相应的虚拟手所给出的视觉上的移动反馈之间的时间差别的识别度会显著低于控制组的表现，这至少在某种程度上说明后顶叶在对引起自主感的感官和运动信号之间的一致性进行评估时发挥着重要的作用[6]。

与后顶叶皮层类似，小脑在感官反馈的加工中也有作用，它被认为是

① Farrer, C. & Frith, C.D. （2002）, Experiencing Oneself vs Another Person as Being the Cause of an Action: The Neural Correlates of the Experience of Agency, *Neuroimage*, 15（3）, pp. 596-603.

② Blakemore, S.J. & Sirigu, A. （2003）, Action Prediction in the Cerebellum and in the Parietal Lobe, *Experimental Brain Research*, 153（2）, pp. 239-245.

③ Lau, H.C., Rogers, R.D., Haggard, P. & Passingham, R.E. （2004）, Attention to Intention, *Science*, 303（5661）, pp. 1208-1210.

④ Ramnani, N. & Miall, R.C. （2004）, A System in the Human Brain for Predicting the Action of Others, *Nature Neuroscience*, 7（1）, pp. 85-90.

⑤ Farrer, C., Franck, N., Georgieff, N., Frith, C.D., Decety, J. & Jeannerod, M. （2003）, Modulating the Experience of Agency: A Positron Emission Tomography Study, *Neuroimage*, 18（2）, pp. 324-333.

⑥ MacDonald, P.A. & Paus, T. （2003）, The Role of Parietal Cortex in Awareness of Self-generated Movements: A Transcranial Magnetic Stimulation Study, *Cerebral Cortex*, 13（9）, pp. 962-967.

运动控制的内部模型的基础①。莎拉-杰恩·布莱克摩尔（Sarah-Jayne Blakemore）及其同事通过控制预测的自我产生的触觉刺激和实际所体验到的刺激之间的时间，发现随着两者之间时间间隔的增加，小脑的激活便会出现②。而对于小脑损伤病人的研究能够更加直观地向我们展示小脑的作用：小脑损伤患者在识别感官运动不匹配任务中的表现和正常受试者无异，但是在需要根据内隐于环境中的变化信息对自己的运动表现进行调节从而使之更加适合时，他们的表现远不及正常受试者。即在需要对内部预测进行更新时，小脑受损的受试者无法顺利完成任务③。小脑的这一作用不仅使我们能够不断更新内部表征从而更好地适应外界的变化，而且能够帮助我们对自我和他者所导致的刺激进行区别从而给出更恰当的反应。对感官事件的预测能够在一定程度上影响受试者对不同刺激的知觉程度，自我产生的刺激较之外部产生的刺激在体验程度上会被知觉为更弱一些。这一现象可以被一个很著名的问题所例证："为什么我不能给自己挠痒痒？"④ 这些实验说明小脑会在感官预测加工过程中被激活，从而保证自主体不必对自我产生的刺激进行不必要的反应⑤。总之，这些研究均能表明小脑在运动控制的预测中所发挥的作用⑥。

　　另一个对自主感会产生重要影响的结构当属辅助运动皮层，它在对自我所产生的移动的觉知和执行中会产生激活。例如，主导一个移动和仅仅

① Manto, M., Bower, J. M., Conforto, A. B., Delgado-García, J. M., da Guarda, S. N. F., Gerwig, M., ... Mariën, P. (2012), Consensus Paper: Roles of the Cerebellum in Motor Control—the Diversity of Ideas on Cerebellar Involvement in Movement, *The Cerebellum*, 11 (2), pp. 457–487.

② Blakemore, S.-J., Frith, C. D. & Wolpert, D. M. (2001), The Cerebellum is Involved in Predicting the Sensory Consequences of Action, *Neuroreport*, 12 (9), pp. 1879–1884.

③ Synofzik, M., Lindner, A. & Thier, P. (2008), The Cerebellum Updates Predictions About the Visual Consequences of One's Behavior, *Current Biology*, 18 (11), pp. 814–818.

④ Blakemore, S. J., Wolpert, D. & Frith, C. (2000), Why Can't You Tickle Yourself? *Neuroreport*, 11 (11), R11–R16.

⑤ Blakemore, S. J., Frith, C. D. & Wolpert, D. M. (2001), The Cerebellum is Involved in Predicting the Sensory Consequences of Action, *Neuroreport*, 12 (9), pp. 1879–1884.

⑥ Ebner, T. J. & Pasalar, S. (2008), Cerebellum Predicts the Future Motor State, *The Cerebellum*, 7 (4), pp. 583–588.

是跟随或者观察一个移动相比较，只有前者才会涉及辅助运动皮层的参与①。我们知道辅助运动皮层不仅在移动的执行过程中非常关键，而且在准备阶段和发起阶段也很重要②。实验表明，对猴脑中辅助运动皮层暂时性的麻醉会导致它们发起移动能力的严重受损。因此有些研究者将辅助运动皮层和运动或者是动作意图的形成和将这些意图转换为相应的运动指令相联系③。在前运动皮层受损的病人（异手症患者）身上我们也能够看到这一结构和动作意图之间的联系，他们往往无法将自己手的动作体验为自己的，就好像手有它自己的意愿一样④。

较之顶叶皮层、小脑和辅助运动皮层，颞上沟的后部和脑岛在自主感中的作用并不是那么清楚。之所以重视颞上沟后部的作用一方面是由于它本身在社会知觉、心理状态推断、情感认知等方面均发挥着重要的作用⑤；另一方面是因为颞上沟被认为是人脑中镜像系统存在于其中的重要结构之一，其中部分神经元⑥能够同时在自己执行任务和他人执行相同任务时出现放电现象⑦⑧，为此它被认为与某些镜像属性相联系，共

---

① Chaminade, T. & Decety, J. (2002), Leader or Follower? Involvement of the Inferior Parietal Lobule in Agency, *Neuroreport*, 13, pp. 1975–1978.

② Cunnington, R., Windischberger, C., Deecke, L. & Moser, E. (2002), The Preparation and Execution of Self-initiated and Externally-triggered Movement: A Study of Event-related FMRI, *Neuroimage*, 15 (2), pp. 373–385.

③ Haggard, P. (2008), Human Volition: Towards a Neuroscience of Will, *Nature Reviews Neuroscience*, 9 (12), pp. 934–946.

④ Della Sala, S., Marchetti, C. & Spinnler, H. (1991), Right-sided Anarchic (alien) Hand: a Longitudinal Study, *Neuropsychologia*, 29 (11), pp. 1113–1127.

⑤ Schultz, J., Imamizu, H., Kawato, M. & Frith, C. D. (2004), Activation of the Human Superior Temporal Gyrus During Observation of Goal Attribution by Intentional Objects, *Journal of Cognitive Neuroscience*, 16 (10), pp. 1695–1705.

⑥ 此类神经元被称为镜像神经元，最先被发现存在于恒河猴的运动前区皮层下部边缘位置（F5 区、Brodmann 6 区腹侧边缘）。它们在恒河猴自身执行目标导向（goal-directed）手部动作或者观察同类执行相似动作时都被激活。由于这些神经元能像镜子一样映射其他个体的活动，因此最初的发现者加勒斯等人将其称之为"镜像神经元"。

⑦ 陈波、陈巍、张静、袁逖飞：《"镜像"的内涵与外延：围绕镜像神经元的争议》，《心理科学进展》2015 年第 3 期。

⑧ Narumoto, J., Okada, T., Sadato, N., Fukui, K. & Yonekura, Y. (2001), Attention to Emotion Modulates Fmri Activity in Human Right Superior Temporal Sulcus, *Cognitive Brain Research*, 12 (2), pp. 225–31.

享自我和他者的动作表征①。而就脑岛而言，它对于拥有感的主观体验的产生至关重要，为此有些研究者认为脑岛在自主感中所表现出来的作用其实是源于拥有感而非自主感②。但是也有研究者坚持认为脑岛不仅会涉及拥有感的过程而且还会参与到自主感的体验过程中。因为研究表明，在实验中对受试者真手的移动和视觉反馈之间不一致程度进行控制，不一致程度越低，脑岛的激活程度越高，此时伴随产生的便是导致这一移动的感受的增加③。但是这两个部分的具体作用还有待更多的实验结果加以证实。

　　上述我们强调了很多对移动产生有影响的皮层结构，但是还有很多次级皮层结构例如基底神经节也被认为在移动的自发产生中有着重要的作用④。基底神经节与辅助运动皮层相连，同时还和顶叶皮层以及小脑相连，因而在运动控制中发挥着重要的作用⑤⑥。可见上述自主感所涉及的不同的结构（例如辅助运动皮层、后顶叶皮层以及小脑）在功能和解剖上的相互联系共同形成了一个涉及运动控制的复杂的网络。

　　综上，在橡胶手错觉及其变式中，不同的条件能够引发受试者不同的

① Christian, K. & Perrett, D. I. （2004）, Demystifying Social Cognition: a Hebbian Perspective, *Trends in Cognitive Sciences*, 8（11）, pp. 501-507.

② Tsakiris, M., Hesse, M. D., Boy, C., Haggard, P. & Fink, G. R. （2007）, Neural Signatures of Body Ownership: A Sensory Network for Bodily Self-consciousness, *Cerebral Cortex*, 17（10）, pp. 2235-2244.

③ Farrer, C., Franck, N., Georgieff, N., Frith, C. D., Decety, J. & Jeannerod, M. （2003）, Modulating the Experience of Agency: A Positron Emission Tomography Study, *Neuroimage*, 18（2）, pp. 324-333.

④ Grillner, S., Hellgren, J., Menard, A., Saitoh, K. & Wikström, M. A. （2005）, Mechanisms for Selection of Basic Motor Programs-roles for the Striatum and Pallidum, *Trends in Neurosciences*, 28（7）, pp. 364-370.

⑤ Akkal, D., Dum, R. P. & Strick, P. L. （2007）, Supplementary Motor Area and Presupplementary Motor Area: Targets of Basal Ganglia and Cerebellar Output, *The Journal of Neuroscience*, 27（40）, pp. 10659-10673.

⑥ Hoshi, E., Tremblay, L., Féger, J., Carras, P. L. & Strick, P. L. （2005）, The Cerebellum Communicates with the Basal Ganglia, *Nature Neuroscience*, 8（11）, pp. 1491-1493.

身体拥有感和自主感体验①：我们能够对明显不属于自己身体一部分的外部对象产生拥有感，甚至感受到施加在外部对象上的触觉刺激；我们能够对并非自己发出的动作产生自主感，甚至因而改变自己的某些行为模式；这些都意味着自我和非我之间的界限可能并不是那么一成不变，至少在某些条件下可以被改变。通过橡胶手错觉来对拥有感的产生原因的研究表明时间一致性、空间一致性以及特征一致性是影响错觉产生与否的重要影响因素，即受试者能否将外部客体橡胶手感知为自己身体一部分。而橡胶手错觉对自主感的产生原因的研究则表明，预期动作和实际反馈之间的一致性是决定自主感产生与否的重要因素②。橡胶手错觉及其变式不仅对拥有感和自主感各自的研究产生了很大的推动作用，而且对于帮助我们进一步认识拥有感和自主感之间的区别、联系以及相互作用也大有帮助。

四　橡胶手错觉对拥有感和自主感关系的研究

从前文对于拥有感和自主感的介绍中我们知道，产生自主感的必要条件是引入运动因素。然而要探究拥有感和自主感之间的关系，仅仅引入运动因素显然是不够的，我们还需要设定不同的条件，使拥有感和自主感能够各自独立于对方而出现，同时也需要设定特殊的条件比较有自主感存在的拥有感和没有自主感存在的拥有感，或者是有拥有感存在的自主感和没有拥有感存在的自主感等多种不同的情形，从而才能对拥有感和自主感的关系有更深入的了解。

移动橡胶手错觉是同类研究中第一个比较系统地对拥有感和自主感进行双向分离（double dissociation）的研究③。实验者通过一个特殊的装置将受试者的右手食指和假手的食指用一根小木棍相连，在实验过程中，受试者的真手始终位于一个大小为 35 厘米×25 厘米×12 厘米的黑色不透明

① Kalckert, A. & Ehrsson, H. H. (2014), The Moving Rubber Hand Illusion Revisited: Comparing Movements and Visuotactile Stimulation to Induce Illusory Ownership, *Consciousness and Cognition*, 26, pp. 117-132.

② 张静、李恒威：《自我表征的可塑性：基于橡胶手错觉的研究》，《心理科学》2016 年第 2 期。

③ Kalckert, A. & Ehrsson, H. H. (2012), Moving a Rubber Hand that Feels Like Your Own: A Dissociation of Ownership and Agency, *Frontiers in Human Neuroscience*, 6 (40), pp. 1-14.

小盒子内，而由木头制成的仿真假手则始终被放置于小盒子的上面受试者的视线正前方。当受试者自己移动自己食指的时候假手的食指也会产生相应的移动，当研究者通过控制小木棍使假手食指产生移动的时候受试者的真手食指也会被动地产生移动，也就是说在实验过程中，受试者可以体验自己主动移动手指同时看到橡胶手相应手指移动的情况，也可以体验自己被动移动手指（由实验者控制其手指移动）同时看到橡胶手相应手指移动的情况，实验的主要目的是测量受试者对位于不同位置的橡胶手（和受试者真手摆放位置一致或和受试者真手摆放位置不一致）在移动过程中的拥有感和自主感。结果发现，较之位置不一致的情况，当真手和橡胶手摆放位置一致时，受试者会产生对橡胶手的拥有感，即好像橡胶手是自己身体的一部分；较之消极移动的情况，当真手的移动是由受试者自己发出时，受试者会产生对橡胶手的自主感，即能够控制橡胶手的运动。这些发现为拥有感和自主感是两类尽管是紧密联系但实际上还是有所差别的基本体验再一次提供了证据，说明它们可能表征的是不同的认知过程。而当橡胶手被感受为自己身体一部分的时候，相应条件下自主感的评分更高的现象则说明尽管两类体验有所区别，但是在实际的作用过程中还是会产生相互影响的[①]。对于自主感和拥有感之间具体的相互作用机制，在这项研究中发现较之被动移动的情况，主动移动的条件下受试者对拥有感问卷会给出更高的评分，但两者之间的差异并没有达到显著程度，因此单凭此项研究还不能得出确切的回答。

　　除了尝试对拥有感和自主感的双向分离进行系统研究，还有不少研究致力于对拥有感和自主感之间相互作用机制的探讨。扎克瑞斯及其同事通过采用投影技术将受试者的真手投影至水平放置于受试者面前的屏幕上。实验过程中，受试者需要将自己的真实右手放置于一个特定的架子内，从而保证真手处于一个固定位置且不被自己看到。根据实验者的提示，他们或者主动地按照某些固定频率有节奏地抬起或放低真手的食指或小指，同时观察投影屏幕上的影子手相应的食指或小指的移动；或者被动地由实验者通过一根连在他们食指或小指上的绳子抬起或放低他们的食指或小指，同时观察投影屏幕上的影子手相应的食指或小指的移动；或者被动地由实验者用刷子刷他们的

---

　　① Kalckert, A. & Ehrsson, H. H. (2012), Moving a Rubber Hand that Feels Like Your Own: A Dissociation of Ownership and Agency, *Frontiers in Human Neuroscience*, 6 (40), pp. 1-14.

食指或小指同时观察影子手相应的手指被刷。主动移动手指、被动移动手指和被动接受触觉刺激这三种不同的情境中，尽管主动移动和被动移动两种情况下手指的运动模式相同，但是对受试者受刺激和没受刺激的手指各自在实验处理前后本体感觉偏移程度的测量结果表明，在被动移动和触觉刺激的条件下，只有受到刺激的手指才会出现有显著差异的本体感觉的偏移，而未受刺激的手指则不会，说明受试者只对与受到刺激的手指对应的影子手指产生拥有感。但在主动移动的条件下，本体感觉偏移不仅发生在受刺激的手指上，同时也存在于没有受到刺激的手指上，即拥有感错觉会出现在所有的手指上。似乎，纯粹的身体拥有感是局部的、零碎的，但是自主感能够对拥有感进行调节，即自主体的运动感会将不同身体部分整合到一个连续体中，形成统一的身体觉知①。造成这种现象的原因可能是人脑中初级躯体感觉皮层中的表征原则和初级运动皮层中的表征原则是不一样的，前者更为具体和零碎，而后者则更为整合和重叠②。

橡胶手错觉及其变式对拥有感和自主感的关系的研究一方面证明了拥有感和自主感是两类不同的感受，可能涉及不同的认知加工过程；但是另一方面也说明了两者作为最小的有意识自我的两个基本方面是如何共同作用从而保证我们体验到稳定统一的自我的。也正是如此，橡胶手错觉及其变式的研究对自我问题的探讨也就格外有意义。

五   橡胶手错觉研究对自我问题的启发

橡胶手错觉及其变式的出现首先解决了自我研究中的生态效度问题。以往关于自我的研究，或者是通过对病理性的案例的分析来揭示自我的紊乱，或者是通过单模态的基于自我偏差（self-bias）概念的表征来揭示自我识别的过程。前者我们在第三章中进行过详细的介绍，其积极意义显而易见，然而始终无法摆脱结果是否足够普遍可以推广至普通人群的质疑。而后者主要是指自我—他者探测任务（self-other detection tasks）、自我—他者变形任务

① Tsakiris, M., Prabhu, G. & Haggard, P. (2006), Having a Body Versus Moving Your Body: How Agency Structures Body-ownership, *Consciousness and Cognition*, 15 (2), pp. 423-432.

② Hluštík, P., Solodkin, A., Gullapalli, R.P., Noll, D.C. & Small, S.L. (2001), Somatotopy in Human Primary Motor and Somatosensory Hand Representations Revisited, *Cerebral Cortex*, 11 (4), pp. 312-321.

（self-other morphing tasks）以及掩蔽启动任务（masked priming tasks）①②③④⑤。自我—他者探测任务考察参与者在对自我和他者进行识别时在反应时方面所表现出的差异；在自我—他者变形任务中，当觉得视频中的图像看起来更像"我"时按键暂停；而掩蔽启动任务的目的则在于比较与自我或他者有关的启动刺激对最终判断反应时的影响。尽管上述方法侧重点各不相同，但所有这些方法都是基于自我是单模态的表征的前提，这显然也与实际情况存在差异。橡胶手及其变式通过对多模态的信息整合在拥有感和自主感的形成过程中的作用的研究很好地从方法论上弥补了传统自我研究中存在的不足。

此外，橡胶手错觉及其变式的研究中所揭示出来的自我表征和自我识别的可塑性直接动摇了自我是一个单一的固定不变的实体的观念，相反它们暗示了这样一种可能性，自我是在我们与外界交互作用的过程中以脑的某些结构的活动为基础基于一定的原则和规范建构起来的。当然仅凭目前橡胶手错觉所开展的研究得出这样的结论还为时过早，但是至少橡胶手错觉及其变式的研究以一种拥有感和自主感是如何可塑的方式向我们展现了稳定而统一的自我感是如何在自主体和外界互动的过程中动态地形成的。我们可以分别从自下而上的加工和自上而下的加工两条不同的进路来理解错觉研究中的自我建构。

（一）错觉与自我建构

在对橡胶手错觉的心理过程进行详细介绍的时候我们提到过影响橡胶手错觉产生的既有像时间一致性这样的自上而下的影响因素，也有像特征

---

①　Brédart, S. （2004）, Cross-modal Facilitation is Not Specific to Self-face Recognition, *Consciousness and Cognition*, 13 （3）, pp. 610–612.

②　Devue, C. & Brédart, S. （2011）, The Neural Correlates of Visual Self-recognition, *Consciousness and Cognition*, 20 （1）, pp. 40–51.

③　Heinisch, C., Dinse, H. R., Tegenthoff, M., Juckel, G. & Brüne, M. （2011）, An RT-MS Study Into Self-face Recognition Using Video-morphing Technique, *Social Cognitive and Affective Neuroscience*, 6 （4）, pp. 442–449.

④　Pannese, A. & Hirsch, J. （2010）, Self-specific Priming Effect, *Consciousness and Cognition*, 19 （4）, pp. 962–968.

⑤　Pannese, A. & Hirsch, J. （2011）, Self-face Enhances Processing of Immediately Preceding Invisible faces, *Neuropsychologia*, 49 （3）, pp. 564–573.

一致性和空间一致性这样的自下而上的影响因素。下面我们将具体对这两种不同的进路对稳定而统一的自我感形成的意义进行阐述。

1. 自下而上的加工

自下而上的加工思想源于一位名为托马斯·贝叶斯（Thomas Bayes）的牧师的杰出贡献。贝叶斯（约1701—1761）出生于英国伦敦，一生从未发表过一篇科学论文，然而他在1742年却成了英国皇家学会的会员。贝叶斯将归纳推理法用于概率论的基础理论，创立了贝叶斯统计理论。但他的经典论文却是在他去世之后两年，由理查德·普莱斯（Richard Price）将其著作寄给英国皇家学会后才得以首次发表。之后的一百多年时间里他的理论也一直被人遗忘鲜少有人问津。直到20世纪20年代他才声名鹊起，而贝叶斯定理也成了广受各领域研究者关注的原理。公共健康、认知科学都是属于需要运用到贝叶斯定理的众多领域之一，并且也有不少研究者借用贝叶斯定理来对我们的脑是如何运作的进行理解。

贝叶斯定理有两个关键构件：p（A\X）和p（X\A）。p（A\X）指的是，给定新证据（X），我们需要改变多少关于这个世界的信念（A），而p（A\X）指的是，给定我们关于这个世界的信念（A），我们期望得到什么样的证据（X）。我们把这两个构件看作做出预测和察觉预测误差的手段。现在，我们的脑可以根据它对世界的信念来预测活动的模式，这些活动模式是通过我的眼镜、耳朵和其他感官来察觉的：p（X\A）。如果在预测时出现误差，将会发生什么呢？实际上这些误差十分重要，因为我们的脑正是通过利用它们来更新自己对世界的信念，并产生出一个更好的信念p（A\X）。一旦这种更新发生，我们的脑对世界就产生了一个新的信念，并能够基于此对通过我的感官察觉的活动模式进行新的预测。我们的脑会重复这个过程，每循环一次，预测误差就变小一次。当预测误差变得足够小的时候，我们的脑就可以"知道"外在世界那边的东西是何物了。但是这一切发生得如此之快，以至于我们根本不会在有意识的心智活动中觉知到这个复杂的过程。知晓外在世界那边的东西是何物对于我们来说好像是件轻而易举的事情，但我们的脑却为此要陷入这种无止境的预测和更新的循环中，一刻不得停歇①。如果我们的脑可以

① C. 弗里斯：《心智的构建：脑如何创造我们的精神世界》，杨南昌等译，华东师范大学出版社2015年版，第123页。

通过贝叶斯原理对外在于我们的事物进行认识，那么它应该也同样可以通过该原理对我们自己进行认识。尽管这一过程之迅速我们在一般的日常经历中无法有意识地体验，但是橡胶手错觉及其变式却使我们能够很好地了解和分析这一过程。

　　我们知道在橡胶手错觉过程中，当放置在受试者面前的橡胶手被刷子刷的同时受试者自己被隐藏起来的真手也被刷子刷时，受试者会产生对橡胶手的拥有感。并且受试者对自己真手的位置的知觉会出现朝向橡胶手所在位置的偏移[1]。也就是说，同步的多感官体验能够更新橡胶手原本"不属于我"的表征，从而使得橡胶手"属于我"的概率提高。并且，这种由视觉—触觉一致性所导致的受试者将外部对象感受为自己身体一部分的体验在将橡胶手替换为整个身体[2][3]、他人的脸[4][5]，以及虚拟的声音[6]时也会出现。这些多感官刺激对一个人身体、脸或声音的识别的影响显示了身体自我识别的一种可塑性[7]。橡胶手错觉及其变式的研究向我们展示了多感官刺激能够导致一个人的身体部分、脸以及声音是如何被加工的改变，从而导致对什么会被识别为"我"的更新。

　　橡胶手错觉实验中，在同步的视触刺激施加之前，以往的经验告诉我们，橡胶手不属于我们自身身体一部分，施加在橡胶手上的任何刺激都不会被我们直接感受到。然而在施加同步视触刺激的过程中，由于真手被隐

---

① Botvinick, M. & Cohen, J. (1998), Rubber Hands "Feel" Touch that Eyes See, *Nature*, 391 (6669), pp. 756-756.

② Ehrsson, H. H. (2007), The Experimental Induction of Out-of-body Experiences, *Science*, 317 (5841), pp. 1048-1048.

③ Lenggenhager, B., Tadi, T., Metzinger, T. & Blanke, O. (2007), Video Ergo sum: Manipulating Bodily Self-consciousness, *Science*, 317 (5841), pp. 1096-1099.

④ Mazzurega, M., Pavani, F., Paladino, M.P. & Schubert, T.W. (2011), Self-other Bodily Merging in the Context of Synchronous but Arbitrary-related Multisensory Inputs, *Experimental Brain Research*, 213 (2-3), pp. 213-221.

⑤ Tajadura-Jiménez, A., Grehl, S. & Tsakiris, M. (2012), The Other in Me: Interpersonal Multisensory Stimulation Changes the Mental Representation of the Self, *PLoS One*, 7 (7), e40682.

⑥ Zheng, Z.Z., MacDonald, E.N., Munhall, K.G. & Johnsrude, I.S. (2011), Perceiving a Stranger's Voice as Being One's Own: A 'Rubber Voice' Illusion? *PLoS One*, 6 (4), e18655.

⑦ Blanke, O. (2012), Multisensory Brain Mechanisms of Bodily Self-consciousness, *Nature Reviews Neuroscience*, 13 (8), pp. 556-571.

藏不可见，因此预期的感官结果并不会涉及刷子刷的视觉感受。但是施加在真手上的触觉刺激和出现在橡胶手上的视觉刺激的同步呈现导致了这种预期的感官结果与实际的感官事件之间的矛盾。同样的，在脸部错觉和声音错觉中也存在类似的自下而上的感官震惊（surprise）。在脸部错觉实验中，在看视频中他人的脸被刷同时感受自己脸被刷之前，受试者显然不会觉得自己所看到的人脸和自己有很大的相似性。然而在同步的视触刺激的施加过程中，由于接收他人脸被刷的视觉刺激是不会产生自己脸被刷的触觉感受的，视觉—触觉刺激的同步出现导致了预测误差的出现。在声音错觉实验中，发出声音同时听到反馈是我们日常经验中无处不在的体验，自己发出声音同时出现他人的声音显然有悖我们常规的预期，为此同样会使得我们对于多感官事件的预期被打破。当这种矛盾出现的时候，根据贝叶斯原理，我们的脑便会利用这些矛盾或预测误差来更新我们对脑对世界的信念，并产生一个更好的信念，随后通过这种自下而上的多感官信息的整合的活动模式进行新的预测。对自我的表征与识别正是在这一预测、发现预测误差、进行新的预测的过程中不断趋于完善的。

然而诚如我们在橡胶手错觉及其变式的研究结果中所看到的，同步性并不能必然保证橡胶手被感受为我们身体的一部分，当出现在受试者面前的不是橡胶手而是另一个非人体部分的外部对象时①，当橡胶手的皮肤纹理和人的真手有着显著差异的时候②，当橡胶手被放置于一个空间上和受试者真手位置不一致的角度时③，拥有感错觉并不会产生。可见，除了自下而上的多感官整合因素外，还存在着其他的影响因素。

2. 自上而下的加工

自我表征中自上而下的影响实际上存在于很多研究之中。例如，在一

---

① Tsakiris, M., Carpenter, L., James, D. & Fotopoulou, A. (2010), Hands Only Illusion: Multisensory Integration Elicits Sense of Ownership for Body Parts but not for Non-corporeal Objects, *Experimental Brain Research*, 204 (3), pp. 343-352.

② Farmer, H., Tajadura-Jiménez, A. & Tsakiris, M. (2012), Beyond the Colour of my Skin: How Skin Colour Affects the Sense of Body-ownership, *Consciousness and Cognition*, 21 (3), pp. 1242-1256.

③ Bekrater-Bodmann, R., Foell, J., Diers, M. & Flor, H. (2012), The Perceptual and Neuronal Stability of the Rubber Hand Illusion Across Contexts and Over Time, *Brain Research*, 1452, pp. 130-139.

个任务中的和自我相关的启动会影响另一个任务中自我—他者识别的反应时[①]，并且，即便是在自我相关的启动刺激被掩蔽的情况下，即和自我相关的启动刺激以无法被有意识地觉知的方式呈现给受试者时，这种效应也依然显著[②]。不仅是这种当下的自我相关的启动刺激会对自我—他者识别任务产生影响，而且长期的社会和文化的因素也会对自我—他者的决策产生影响。例如，传统的自我—他者脸部识别的研究表明，当要求对所看到的人脸做出是否是自己的脸的判断时，受试者对自己脸的反应要显著快于对他人脸的反应。然而，跨文化的研究发现，这种自我—他者脸部识别效应其实是存在文化差异的。近来的一项研究表明，中国人在看到自己上司的脸时会出现一种逆转的自我偏差效应，即受试者对于自己上司脸的识别速度甚至要比对自己脸的识别速度更快，而西方人则在所有的条件下都保持了一贯的自我偏差，即判断自己的脸是自己的要显著快于判断他人的脸不是自己的[③]。另一项研究则发现，有宗教信仰的人在自我脸部识别中所表现出来的自我偏差没有无神论者这么明显[④]。可见，文化和社会规范作为一种自上而下的制约也会对自我表征产生影响。

在橡胶手错觉及其变式的研究中这一自上而下的影响主要表现为我们本章前面部分所介绍过的空间一致性和特征一致性。例如橡胶手错觉研究中发现的随着受试者真手和橡胶手之间的距离增加，受试者所感受到的错觉程度会逐渐下降乃至最终消失。当橡胶手被移动至距离受试者真手27.5厘米处时，错觉程度会出现显著的降低。他们认为这可能意味着我

① Platek, S. M. , Thomson, J. W. & Gallup, G. G. (2004), Cross-modal Self-recognition: The Role of Visual, Auditory and Olfactory Primes, *Consciousness and Cognition*, 13 (1), pp. 197 - 210.

② Pannese, A. & Hirsch, J. (2010), Self-specific Priming Effect, *Consciousness and Cognition*, 19 (4), pp. 962-968.

③ Liew, S. -L. , Ma, Y. , Han, S. & Aziz-Zadeh, L. (2011), Who's Afraid of the Boss: Cultural Differences in Social Hierarchies Modulate Self-face Recognition in Chinese and Americans, *PLoS One*, 6 (2), e16901.

④ Ma & Han, S. (2012), Is the Self Always Better Than a Friend? Self-face Recognition in Christians and Atheists, *PLoS One*, 7 (5).

们身体周围的动态视觉接收区是有限的①。扎克瑞斯等通过对一块木板进行逐步的变化，设置四个与人手相似但程度各异的不同的等级：①一块普通的没有任何人手特征的木板；②在木板上增加一只大拇指其他特征保持不变；③在②的基础上增加更多的结构特征雕刻出手腕的形状；④在②和③的基础上勾勒出手指的轮廓。分别将这些对象作为外部对象通过本体感觉偏移的测量和内省报告的形式对受试者将它们感知为自己身体一部分的程度进行测量，同时与当外部对象为橡胶手时的拥有感进行对比。结果发现只有对橡胶手，同步的视觉—触觉刺激才会使受试者对其产生拥有感，而所有形状的木板，即便是拥有所有手部特征的木板也无法使受试者对它们产生拥有感。扎克瑞斯等认为在对自我—他者进行表征的过程中，被观察的对象必须符合包含关于身体部分重要的结构信息的身体的一个相对模型，只有外部对象符合这个相对模型，主体才能将它表征为自己身体的一部分②。这很有可能是由于关于什么对象可能成为我们身体一部分的自上而下的知识的影响，即橡胶手错觉产生过程中可能存在来自身体意象（如果存在）的干预。

虽然身体意象一直被认为是后天在与环境的交互作用中不断发展的③④，但很多研究者认为成年人的身体意象是相对稳定的，并且在我们的认知活动过程中发挥着重要的作用。异常的身体意象往往是与某些躯体障碍或精神疾病有某种程度的联系。尽管围绕着身体意象是否存在如何作用的争议有很多，但是通过空间一致性和特征一致性等因素的影响，至少我们可以看到自上而下的加工机制在橡胶手错觉中的影响⑤。

---

① Lloyd, D. M. (2007), Spatial Limits on Referred Touch to an Alien Limb May Reflect Boundaries of Visuo-tactile Peripersonal Space Surrounding the Hand, *Brain and Cognition*, 64 (1), pp. 104-109.

② Tsakiris, M., Carpenter, L., James, D. & Fotopoulou, A. (2010), Hands Only Illusion: Multisensory Integration Elicits Sense of Ownership for Body Parts But not for Non-corporeal Objects, *Experimental Brain Research*, 204 (3), pp. 343-352.

③ De Vignemont, F. (2010), Body Schema and Body Image—Pros and cons, *Neuropsychologia*, 48 (3), pp. 669-680.

④ Gallagher, S. & Meltzoff, A. N. (1996), The Earliest Sense of Self and Others: Merleau-Ponty and Recent Developmental Studies, *Philosophical Psychology*, 9 (2), pp. 211-233.

⑤ 张静、李恒威：《自我表征的可塑性：基于橡胶手错觉的研究》，《心理科学》2016 年第2 期。

（二）　自由能量原理与自我的可塑性

我们可以看到，橡胶手错觉及其变式的研究不仅能够弥补自我研究中方法论上的不足，同时能够通过对自上而下和自下而上的加工过程的揭示来说明自我的建构在拥有感和自主感的水平上是如何发生的。我们可以看到自我表征的发生不仅是基于单模态的匹配，其更新更多的应该是同步多感官通道信息整合和动态评估过程共同作用的结果。然而至此，我们依旧需要一个统一的全局的理论能够对各种错觉现象进行全面的解释。

1. 自由能量原理

自由能量原理（free-energy principle），又称最小震惊（surprise）原理，被认为能够对自我表征的可塑性进行较好解释。自由能量原理的概念源于热力学第二定律，又称熵增定律。所谓熵是指在某一封闭系统中，由有效能量转化而成的无效能量的量度。也可以说，熵是作为度量一个热力学系统无序状态的度量单位。熵增定律就是指在所有过程中，熵的增加是不可逆的。它说明，在一个封闭系统中，能量只能由有效能量转化为无效能量，系统的整体状态只能从有序变为无序。尽管在局部范围内，通过一定的手段或许可以建立起一定的秩序，但这种建立起来的秩序是以给周围环境带来更多的无序为代价的。

因此自由能量原理认为生物自主体在一个永恒变化的环境中有一种自然的倾向抵制失调[1]。一个有机体的显形定义了一个自主体可以存在于其中的生理的和感官的状态，以及一个有机体能够占有的边界。因此一个有机体（和它的大脑）将会处于一组小的状态之中是一种很高的可能性，而有机体处于一组大的状态之中是一种很低的可能性。最常使用的例子是鱼。一条鱼生活在陆地上的可能性很低，而生活在水中的可能性很高。因此鱼在陆地上就会是一种出人意料的和不可能的状态。从数学计算上说，大脑（作为自主体评估关于外部和内部环境并抵制失调的一个器官）必须保持比较低的熵值（熵值作为对所有发生的事件的平均震惊程度的评估）[2]。为了这样做，人脑只需要最小化和当前事件有关的震惊，通过对

① Friston, K. (2005), A Theory of Cortical responses. Philosophical Transactions of the Royal Society B: Biological Sciences, 360 (1456), pp. 815-836.

② Ibid..

环境中的事件可能引发的感官结果进行预测。预测会不断被更新和最优化以便在大脑中保持一个比较低的熵值。从长远来看，这就意味着大脑作为一个整体会在所有感官系统中最小化震惊的平均值，学会最佳地对感官输入进行建模和预测。并且，这意味着短期的阶段性的震惊（"预测错误"），这些错误会在每个感官系统的每个节点被处理，会通过最小化震惊的方式被避免。自由能量所扮演的就是震惊水平上限的作用①。

换言之，根据自由能量原理，自主体总是生活在一种相对稳定、变化较小的状态之中。自由能量的目标便是让用于评估所有事件震惊程度的熵值处于较低的水平。为了实现这一目标，自主体或通过作用于环境改变输入，或通过更新对输入信息的评估来减少并避免震惊的出现②。前者会导致自主体选择能够减少预期错误的更熟悉的环境，而后者则使得自主体在不断更新原因和进行评估的过程中对感官事件的结果做出最优的推论。自由能量原理最重要的一个方面就是，它认为脑通过更新可能性表征来维持稳定，即大脑会一直动态地评估哪些状态的可能性是高的，哪些状态的可能性是低的，并且让各种可能性维持在此消彼长、此长彼消的平衡之中。基于此，马修·阿佩斯（Matthew A. J. Apps）和扎克瑞斯认为自由能量原理能够对近年来众多的和自我表征、自我识别相关的实证研究结果进行解释③。这一理论的核心观点是：当可能性的自我表征在新信息预测的感官状态与实际的感官状态不一致时，自我表征是可更新的和可塑的。

阿佩斯等认为，对自我的表征和识别是一个将身体的单模态特征与来自其他感官系统的关于身体的信息进行联合的过程。这种联合是概率性的，即一个人自己的身体是最可能属于"我"的，同时其他对象从概率性上而言是比较不可能唤起相同的它们是属于"我"的体验的。但这一评价过程并不是既定不变的，也就是说，脑会根据新的信息输入不断地进行评估从而维持一种相对的平衡。例如，在某些特殊条件下其他对象开始变得更像我身体的一部分了，那么我自己原本的身体便会开始变得更不像

---

① Friston, K. (2010), The Free-energy Principle: A Unified Brain Theory? *Nature Reviews Neuroscience*, 11 (2), pp. 127–138.

② 张静、李恒威：《自我表征的可塑性：基于橡胶手错觉的研究》，《心理科学》2016 年第 2 期。

③ Apps, M. A. & Tsakiris, M. (2014), The Free-energy Self: a Predictive Coding Account of Self-recognition, *Neuroscience & Biobehavioral Reviews*, 41, pp. 85–97.

我身体的一部分。因此，长远而言，脑为了减少震惊的出现就必须"学会"如何构建一个更好的模型来预测感官输入的结果以期与实际的感官事件之间保持尽可能的一致。在感官事件发生之前，自主体会对其行为后果产生一个概率性表征。大部分情况下预期会与行为结果相匹配。如果预期的感官结果与实际的感官事件之间出现不一致时，那么这种不一致便暗示了一种预期错误。这种预期错误会导致震惊的出现，而减少震惊就需要自主体或改变环境或改变认知来进行调节。为了能够处于高度可预测的状态中，自我表征和自我识别的作为大脑力求减少震惊的结果便由此产生[1]。因为大脑力求减少震惊的过程是一个动态评估不断变化的过程，所以自我表征相应也是可变的。

自由能量在震惊的水平上起着上限的作用，这保证了震惊以两种方式得以最小化[2]。第一，自主体能够作用于环境来改变输入的感官事件，以一种最小化预测错误的方式筛选环境。那就是自主体将会执行大脑的感官系统中结果可预测的动作。反过来，这就从长期而言减少了全脑的震惊，因为会产生出人意料的感官结果的动作会被避免，因此，在每个感官系统的每个节点内的预测错误就会降低。第二，为了对感官事件的实际原因进行更优的推测，预测错误能导致自主体以一种贝叶斯的方式更新关于感官时间原因的估计[3]。先于任何事件，基于对一个即将发生的感官事件的可能性的表征，预期会被做出。这些预期会以一种概率分布的方式被表征，通过先于事件的大脑的内部状态被编码（例如，神经元的活动和突触联结的强度）。当有一个感官事件和预期的输入不一样的时候，通过感官系统中神经元编码的预期错误便会导致先验预期的动态更新，从而给出后验的概率表征。

2. 自由能量原理的解释力

在自由能量的理论框架内，我们可以同时对橡胶手错觉及其变式研究中所观察到的自上而下的加工机制和自下而上的加工机制的影响进行较好的解释。首先，就自上而下的影响而言，根据自由能量原理，其重点在于

---

① Ibid. .

② Friston, K. (2010), The Free-energy Principle: A Unified Brain Theory? *Nature Reviews Neuroscience*, 11 (2), pp. 127–138.

③ Clark, A. (2013), Whatever Next? Predictive Brains, Situated Agents and the Future of Cognitive Science, *Behavioral and Brain Sciences*, 36 (03), pp. 181–204.

感官事件之前的先验概率是如何被加工的。具体而言，在我们之前所讲的每一种语境信息对自我—他者表征产生影响的例子中，是先于自我刺激出现的信息或先于视觉—触觉刺激出现的信息在对拥有感和对刺激被觉知后的识别进行调节。因此，放置于近体空间中的并且其物理特征和主体已经习得的对身体或脸的概率表征一致的外部对象或人脸，会更有可能被识别或加工为自我的一部分。当外部对象违背了对象被加工为"我"的必要的条件时，例如，当橡胶手被旋转至和受试者真手的摆放位置成 90 度或 180 度的时候，这就会导致该外部对象被标记为"自我"处于较低的概率水平，即便此时依然存在一致的同步的视觉—触觉刺激。这和语境的先验知识显著地影响一个新颖刺激的观点是一致的，如一只橡胶手或一张人脸是否会被纳入身体模型从而被主体表征为自己的是受先验的概率的影响的。

其次，就自下而上的加工机制而言，根据自由能量原理，最为重要的方面可能是感官输入是基于贝叶斯优化概率的原则做出先验的预测和后验的推论而被概率化地加工①。在贝叶斯理论中，关于世界真实状态的证据水平是通过信念水平或概率被表达的。信念的水平是先验概率分布（在对感官事件进行预测时不确定的概率水平）和可能性（考虑新的证据后感官事件实际发生的概率）的函数。在经验贝叶斯中，后验概率反映了在当前的事件模型中的信念的程度。因此，后验的概率在下一个事件发生的时候又成了先验的概率分布。所以，一个自主体所拥有的关于导致一个感官事件发生的原因是对于已经发生的和被预测会发生的感官事件的有条件的概率性的估计。在橡胶手错觉实验中，多感官信息整合出现之前，在以往经验的基础上，我们存在一个对于自己的手是自己身体一部分而橡胶手不可能引发我们产生类似感官体验的信念。而当同步的视觉—触觉刺激反复出现的时候，对于橡胶手不属于我们身体一部分的信念会被新的经验证据进行修正，从而使受试者感受到橡胶手仿佛成了他们身体一部分的体验。

最后，自由能量原理还能对自上而下的影响和自下而上的影响的共同作用给出一种统一的解释。根据自由能量原理，为了减少震惊，这一矛盾的结果就是脑会对表征进行更新来维持稳定。这一更新的过程就导致原本

① Friston, K. (2005), A Theory of Cortical Responses, Philosophical Transactions of the Royal Society B: Biological Sciences, 360 (1456), pp. 815-836.

我们笃信的橡胶手不属于自身身体一部分的信念下降，开始认为橡胶手更像我们身体的一部分，而原本确定属于自身身体一部分的真手反而会被感受为更不像自己身体的一部分。对橡胶手拥有感程度的上升可以通过问卷、本体感觉偏移以及 SCR 的结果得以证实，而这种对自身真实身体拥有感程度的下降则表现为被隐藏手的温度的下降①。这也正是自由能量原理所阐释的，随着橡胶手成为我身体一部分的可能性的上升，我的手是我身体一部分的可能性就会下降，脑正是通过这种方式不断地更新自我的表征来帮助自主体保持一种平衡与稳定。

在橡胶手错觉研究所揭示的现象中我们可以看到，脑会以层级的方式加工自下而上的多模态区域的信息整合与自上而下的单模态区域的干预作用，因此一个对象是否会被认为是我自己的，会受环境等因素的影响，当然也不可避免地会受之前的身体意象等信念的调节②。

身体自我的错觉研究与来自病理学案例的分析共同构成了对拥有感和自主感相关问题展开研究的两大主要手段。尽管当前已经存在大量围绕自我的这些相关问题、采用橡胶手/虚拟手错觉范式开展的研究，但是为了能够更加直接地对我们所感兴趣的方面进行探讨，根据具体的研究关注点设计实验，从哲学角度出发将认知科学的实证研究方法应用于对自我建构问题的分析不仅很有意义同时也很有必要。

---

① Hohwy, J. & Paton, B. (2010), Explaining Away the Body: Experiences of Supernaturally Caused Touch and Touch on Non-hand Objects Within the Rubber Hand Illusion, *PLoS One*, 5 (2), e9416.

② Apps, M. A. & Tsakiris, M. (2014), The Free-energy Self: A Predictive Coding Account of Self-recognition, *Neuroscience & Biobehavioral Reviews*, 41, pp. 85-97.

第五章

拥有感和自主感可塑性的实验研究

重视实验方法在哲学问题研究中的作用，一方面是由于科学技术特别是心脑科学（神经科学、认知科学、智能科学）的迅速发展，促使科学与哲学的研究目标和对象不断趋同，从而导致研究方法也开始走向趋同[①]；另一方面也是因为从早期的思想实验到后来的仿真实验再到现在的真实实验，实验方法具有非常广泛的应用范围，并在哲学研究中发挥越来越重要的作用这一事实也是有目共睹的[②]。正如威廉·丹皮尔（William Dampier）在《科学史及其与哲学和宗教的关系》一书中所指出的：

> 文艺复兴以后，采用实验方法研究自然，哲学和科学才分道扬镳；因为自然哲学开始建立在牛顿动力学的基础上，而康德和黑格尔的追随者则引导唯心主义的哲学离开了当代的科学，同时，当代的科学也很快地就对形而上学不加理会了。不过，进化论的生物学以及现代数学和物理学，却一方面使科学思想臻于深邃，另一方面又迫使哲学家对科学不得不加以重视，因为科学现在对哲学，对神学，对宗教，又有了意义。[③]

通过前文的介绍和讨论我们可以看到，采用实验方法研究拥有感和自

---

① 周昌乐：《实验哲学：一种影响当代哲学走向的新方法》，《中国社会科学》2012 年第 10 期。

② 周昌乐、黄华新：《从思辨到实验：哲学研究方法的革新》，《浙江社会科学》2009 年第 4 期。

③ W. C. 丹皮尔：《科学史及其与哲学和宗教的关系》，李珩译，张今校，商务印书馆 1997 年版，第 1 页。

主感问题已然成为当前自我问题的热门研究方法之一，在前几章中，我们通过对一些典型的病理学案例和橡胶手错觉及其变式研究的介绍也在一定程度上展示了拥有感和自主感的解构和建构。然而诚如我们在前文介绍和讨论过程中所提及的，尽管橡胶手及其变式之于自我问题研究的意义不言而喻，但是由于不同的研究在操作程序和因变量选择上存在的差异，造成不同实验之间的可比性较差。为了使实验方法在此问题的研究上更具可比性，根据我们最为关心的拥有感和自主感可塑性的问题，我们分别设计了两个实验来对相关问题进行直接的探讨。本章将分别对这两个实验进行具体的介绍。

一　拥有感的可塑性研究

毫无疑问，自我问题的诸多探讨中我们是如何知觉自己的问题非常基础，因此对这一知觉能力的作用机制的研究将会从根本上推动我们对于自我问题的思考。前文我们对此问题进行过详细探讨，拥有感和自主感被认为是帮助我们进行有效身体自我识别的两类基本体验。近年来，围绕这些问题进行研究的主要范式是橡胶手错觉及其虚拟版本，虚拟手错觉。在橡胶手/虚拟手错觉中，受试者会将一个人造的外部对象或虚拟的手知觉为他们自己身体的一部分[1][2][3]。这种错觉可以通过同步地刷放置于受试者面前的橡胶手和被实验者隐藏起来的不可见的真手来实现（详见"橡胶手错觉及其变式"）。

时间上的来自真手和人造假手之间的多模态输入的同步性对错觉的产生至关重要，因为不同步的条件（实验中往往是通过一个刺激比另一个刺激晚 100 毫秒左右出现来实现）往往会出现显著低于同步条件下的拥有感。然而，有意思的是，同时还有证据表明空间标准会影响知觉到的拥有

---

① Botvinick, M. & Cohen, J. (1998), Rubber Hands "Feel" Touch that Eyes See, *Nature*, 391 (6669), pp. 756-756.

② Shimada, S., Fukuda, K. & Hiraki, K. (2009), Rubber Hand Illusion Under Delayed Visual Feedback, *PLoS One*, 4 (7).

③ Slater, M., Perez-Marcos, D., Ehrsson, H. & Sánchez-Vives, M. V. (2008), Towards a Digital body: The Virtual Arm Illusion, *Frontiers in Human Neuroscience*, pp. 2, 6.

性。错觉在真手和假手之间距离近的时候更为明显①②。例如劳埃德的研究表明，当橡胶手被置于距离受试者真手水平距离为27.5厘米处的时候，受试者对橡胶手的拥有感错觉程度会出现显著的下降③。然而，雷吉娜·措普夫（Regine Zopf）等的研究却发现即便是在真假两只手之间的距离达到45厘米的时候受试者也没有出现对橡胶手拥有感错觉强度降低的表现④。两个研究之间的不一致说明拥有感错觉可能还会受其他一些因素的影响。凯瑟琳·普勒斯顿（Catherine Preston）考虑了这样的可能性：对最终受试者所感受到的拥有感错觉程度造成影响的或许并不是真假手之间的绝对距离，而是真手和躯体之间的距离。她的研究发现错觉的强度只在人造手同时距离真手和躯干很远的时候才会出现降低⑤。此外，当将橡胶手和真手的放置位置从水平变为垂直时，随着距离的增加错觉程度出现下降的对应关系依然存在⑥。

这些相关的研究发现综合在一起说明了当考虑一只人造的手是否是身体的一部分的时候除了真假手之间的绝对距离外我们还需要考虑相对参照系的影响。有研究者提出尽管一般情况下，当外部对象离受试者的身体越近时，视觉和触觉刺激的交互作用对主体感受自己和外部对象关系时所产生的影响也会越大。但是如果外部对象是受试者可以对其进行支配操作的工具，那么

---

① Costantini, M. & Haggard, P. (2007), The Rubber Hand Illusion: Sensitivity and Reference Frame for Body Ownership, *Consciousness and Cognition*, 16 (2), pp. 229-240.

② Gentile, G., Guterstam, A., Brozzoli, C. & Ehrsson, H. H. (2013), Disintegration of Multisensory Signals From the Real Hand Reduces Default Limb Self-attribution: A FMRI Study, *The Journal of Neuroscience*, 33 (33), pp. 13350-13366.

③ Lloyd, D. M. (2007), Spatial Limits on Referred Touch to An Alien Limb May Reflect Boundaries of Visuo-tactile Peripersonal Space Surrounding the Hand, *Brain and Cognition*, 64 (1), pp. 104-109.

④ Zopf, R., Savage, G. & Williams, M. A. (2010), Crossmodal Congruency Measures of Lateral Distance Effects on the Rubber Hand Illusion, *Neuropsychologia*, 48 (3), pp. 713-725.

⑤ Preston, C. (2013), The Role of Distance From the Body and Distance From the Real Hand in Ownership and Disownership During the Rubber Hand Illusion, *Acta Psychologica*, 142 (2), pp. 177-183.

⑥ Kalckert, A. & Ehrsson, H. H. (2014), The Moving Rubber Hand Illusion Revisited: Comparing Movements and Visuotactile Stimulation to Induce Illusory Ownership, *Consciousness and Cognition*, 26, pp. 117-132.

随着积极主动的工具使用，这一空间距离的远近标准其实是可变的[①]。如果这样的话，和拥有性有关的空间参照系也有可能是可变的，尽管我们暂时还不能肯定哪些因素会对它产生影响。FMRI 的研究也显示了这种可能性：对以手为中心的空间所进行的编码在橡胶手被知觉为身体一部分时会形成新的映射关系，即当主观上感知的自身和外部对象的关系发生改变时，大脑对其编码方式也会发生变化[②]。在当前的研究中，我们所感兴趣的是：是否环境所提供的语境信息（context information）能够影响空间参照系并最终影响主体对外部对象的拥有感程度[③]。

根据上一章所介绍的自由能量原理的解释，在错觉研究中受试者的拥有感体验一方面会受多感官信息整合所引起的对外部对象是否属于我身体一部分的概率分布的变化的影响，另一方面这种后验的推论也会影响下一个感官事件出现时的先验的概率分布。尽管这种解释有大量来自不同研究的结果支持，然而并没有人在同一个实验中对这一统一的解释进行检验。为此我们的目的就是通过虚拟现实的虚拟手错觉实验来对拥有感的可塑性及其影响因素和可能的发生机制进行探讨。

我们通过向受试者呈现一只和真手有些距离但并不是明显太远的虚拟假手，分别在虚拟假手被放置于距离真手很近和很远以及两者的中间位置进行测试。也就是说，我们使用远距离和近距离作为启动条件，而将中间距离作为测试条件，对不同启动条件下的测试条件中受试者对虚拟手所产生的拥有感进行研究。

（一）实验设置和过程

1. 受试者

37 名荷兰某大学的在校国际学生自愿参加本实验，其中男性 8 人，年龄为 18—28 岁（$M = 23$，$SD = 2.38$）。其中 3 名受试者并未完成所有的项

① Maravita, A., Spence, C. & Driver, J. (2003), Multisensory Integration and the Body Schema: Close to Hand and Within Reach, *Current Biology*, 13 (13), pp. 531-539.

② Brozzoli, C., Gentile, G. & Ehrsson, H.H. (2012), That's Near My Hand! Parietal and Premotor Coding of Hand-centered Space Contributes to Localization and Self-attribution of the Hand, *The Journal of Neuroscience*, 32 (42), pp. 14573-14582.

③ Zhang, J., Ma, K. & Hommel, B. (2015), The Virtual Hand Illusion is Moderated by Context-induced Spatial Reference Frames, *Frontiers in Psychology*, 6, p. 1659.

目，故结果统计中只包含了 34 名受试者的数据。所有受试者之前均未参加或听说过橡胶手/虚拟手错觉的研究。所有受试者均为右利手，且裸眼视力或矫正视力正常。本研究经学校相关心理研究道德委员会（Psychology Research Ethics Committee，PREC）审批通过。书面的实验告知书在实验开始之前给受试者过目并获得受试者口头及书面签字确认后正式进入实验阶段。实验结束后受试者可自行选择获得实验学分或现金作为报酬。

2. 实验设计

我们采用的是二因素被试内设计。两个自变量分别是同步性（同步 vs. 不同步）和距离顺序（先近后中 vs. 先远后中）。为了避免测试疲劳和反应策略的影响，我们将实验分成了两个部分，分别安排在不同的时间内进行，受试者可以自行选择完成两个部分的时间，但是不能在同一天里进行（根据实验结果统计，平均的间隔时间是 1.23 天）。在先近后中的部分，受试者面前的虚拟手先是呈现在屏幕上距离受试者比较近的位置（近），随后再出现在屏幕上距离受试者远一些的位置（中）；在先远后中的部分，受试者面前的虚拟手先是呈现在屏幕上距离受试者比较远的位置（远），随后再出现在屏幕上距离受试者近一些的位置（中）。所有的受试者都分别需要进行先近后中和先远后中两种条件下的测试。其中一半受试者先进行先近后中再进行先远后中，另一半则先进行先远后中再进行先近后中。并且在两种条件下，受试者都会既接受视觉、触觉同步的刺激又会接受视觉、触觉不同步的刺激。

3. 实验程序

本实验在虚拟实验室中进行，通过虚拟现实设备对经典的橡胶手错觉实验进行模拟。实验设备包括数据手套（Cyberglove，测量频率为 100 赫兹，延迟时间为 10 毫秒）、虚拟现实软件（Vizard），以及投影仪（投影屏幕大小为 212 厘米×133 厘米，垂直悬挂于距离受试者水平距离 50 厘米的墙面上）。数据手套的掌心有一个震动感应器，通过这个感应器我们能够向受试者施加触觉刺激（振动频率为 0—125 赫兹）。实验控制程序通过虚拟现实软件编写。受试者在右手上戴上数据手套，实验过程中受试者需按要求将其戴有数据手套的右手掌心朝上地放置于一个特制的黑箱子中的固定位置（箱子大小为 50 厘米×24 厘米×38 厘米）。与其真手有关的信息会实时传至后台控制程序，通过实验程序所设定的同步或者不同步的刺激也能够通过数据手套作用在受试者的真手上。通过生物反馈测试仪器（Biopac MP100）和配套的软件（AcqKnowledge）来采集受试者在实验过程中特定时间点的皮肤电反应（SCR）数据。

　　我们采用 Vizard 软件包中的一只虚拟手，并且将追踪仪和数据手套的相应信息写入 Vizard 软件中。虚拟手始终保持和受试者的真手平行，但在实验过程中被投影至大屏幕上的三个不同位置（如图 5.1 所示）：近、中、远。在近的条件下，虚拟手被投影至与受试者真手对齐的位置，看上去就好像是从受试者的真手延长出去一样；而在远的条件下，虚拟手距离近的条件虚拟手所处位置水平方向 44 厘米处。近和远两个位置的中点处是中的位置，即距离近的条件虚拟手所处位置水平方向 22 厘米处。

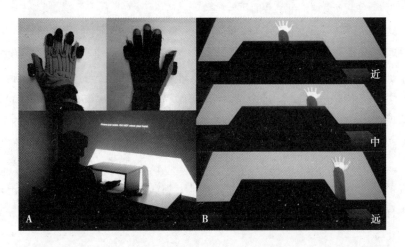

图 5.1　实验设置（A）以及虚拟手在投影屏幕上所处的三个不同的位置（B）①

4. 测量方法

　　我们通过拥有感问卷来评估受试者的错觉体验程度。实验中我们所采用的问题根据以往橡胶手错觉和虚拟手错觉研究中的相关问题改编而成②③④，对相应问题根据虚拟手设置进行了调整。此外，考虑拥有感问卷

① 图片转摘自张静、陈巍《身体意象可塑吗？——同步性和距离参照系对身体拥有感的影响》，《心理学报》2016 年第 8 期。

② Botvinick, M. & Cohen, J. (1998), Rubber Hands "Feel" Touch that Eyes See, *Nature*, 391 (6669), pp. 756-756.

③ Kalckert, A. & Ehrsson, H. H. (2014), The Moving Rubber Hand Illusion Revisited: Comparing Movements and Visuotactile Stimulation to Induce Illusory Ownership, *Consciousness and Cognition*, 26, pp. 117-132.

④ Ma & Hommel, B. (2013), The Virtual-hand Illusion: Effects of Impact and Threat on Perceived Ownership and Affective Resonance, *Frontiers in Psychology*, 4, p. 604.

只是一个主观的测量手段，我们在本研究中还引入了较为客观的测量方法，本体感觉偏移①②③和 SCR④⑤⑥。以往研究中出现的问卷、本体感觉偏移以及 SCR 测试结果之间的出入说明这些方法可能反映的不完全是同一套机制。并且尽管像本体感觉偏移属于客观的测量方法，但是对于该方法的质疑始终存在⑦⑧。为此本研究还希望通过对三种方法的结果进行比较来说明它们之间的异同。

拥有感问卷：因受试者为来自不同国家的留学生，故实验中所采用的问卷为英文版，具体问题见附录 1。

其中问题 1—5 为拥有感体验问题，即问题本身即可反映拥有感的不同程度。问题 6—9 为拥有感控制问题，这些问题与拥有感体验问题相关但并不直接涉及拥有感体验，主要用于评估错觉所引起的可能的影响。问卷采用李克特量表法进行计分，所有问题都含有从 1（非常不同意）到 7（非常同意）七个等级。最终的拥有感得分统计问题 1—5 的平均分，而问题 6—9 则用于检验本实验设置是否能有效地对因变量的影响加以研究。

橡胶手/虚拟手错觉研究开展至今，尚未有绝对的能够断言拥有感出现与否的问卷版本，因此，我们采用同步刺激和不同步刺激作为比较来说明拥有感错觉的产生与否。与不同步刺激条件相比，如果同步的刺激能够

① Kammers, M. P., Longo, M. R., Tsakiris, M., Dijkerman, H. C. & Haggard, P. (2009), Specificity and Coherence of Body Representations, *Perception*, 38 (12), pp. 1804–1820.

② Longo, M. R., Schüür, F., Kammers, M. P., Tsakiris, M. & Haggard, P. (2008), What is Embodiment? A Psychometric Approach, *Cognition*, 107 (3), pp. 978–998.

③ Riemer, M., Kleinböhl, D., Hölzl, R. & Trojan, J. (2013), Action and Perception in the Rubber Hand Illusion, *Experimental Brain Research*, 229 (3), pp. 383–393.

④ Armel, K. C. & Ramachandran, V. S. (2003), Projecting Sensations to External Objects: Evidence From Skin Conductance Response, *Proceedings of the Royal Society of London B: Biological Sciences*, 270 (1523), pp. 1499–1506.

⑤ Ma, k. & Hommel, B. (2015a), Body-ownership for Actively Operated Non-corporeal Objects, *Consciousness and Cognition*, 36, pp. 75–86.

⑥ Ma, k. & Hommel, B. (2015b), The Role of Agency for Perceived Ownership in the Virtual Hand Illusion, *Consciousness and Cognition*, 36, pp. 277–288.

⑦ Folegatti, A., Farne, A., Salemme, R. & De Vignemont, F. (2012), The Rubber Hand Illusion: Two's a Company, But Three's a Crowd, *Consciousness and Cognition*, 21 (2), pp. 799–812.

⑧ Rohde, M., Di Luca, M. & Ernst, M. O. (2011), The Rubber Hand Illusion: Feeling of Ownership and Proprioceptive Drift Do Not Go Hand in Hand, *PLoS One*, 6 (6).

引起拥有感问卷中的得分显著高于不同步刺激情况下的得分，我们认为问卷中得分的增加可以用来反映相应因素影响的强度。

本体感觉偏移：实验中我们用来对本体感觉偏移测量的方法是在屏幕上呈现一系列的字母，要求受试者感受他们自己右手中指所处的位置并通过说出相应位置的字母进行口头报告。为了应对受试者的反应策略，每次出现的字母序列都会以不同的顺序出现。字母的大小根据字母表中的字母大小相互之间略有差异，最大的大约为2厘米宽。我们在每次通过同步或不同步的视觉触觉刺激引发拥有感错觉的前后分别记录受试者对自己真实右手中指所在位置的报告。在实验结束后，通过用受试者后测中所报告的字母在屏幕上的位置减去他们在前测中所报告的字母在屏幕上的位置计算出本体感觉偏移的程度，如果相减结果为正说明受试者在实验过程中产生了朝向虚拟手的偏移。

皮肤电传导反应：实验中我们在威胁阶段对皮肤电传导反应进行测量。在这一阶段，屏幕上会出现一把虚拟的刀子，初始位置距离虚拟手垂直高度约为30厘米，并缓缓地向下移动直至接触到虚拟手，随后又缓缓地升起回到之前出现的最高点。从虚拟刀子出现至接触虚拟手以及接触虚拟手后回到最高点各需花费4秒的时间。这一过程会重复5次。我们在刺激出现之后设置一个1—6秒的延时启动窗，也就是说，当虚拟刀子切到虚拟手的时候，我们将这一时刻之前的皮肤电传导水平作为基线水平[1]。实验结束后，我们通过从SCR的峰值中减掉基线水平来计算刺激事件所导致的皮肤电传导水平的变化。

5. 实验过程

受试者到达实验室正式开始之前，实验者会为受试者的右手戴上数据手套与SCR远程传输器并引导受试者在正对着投影仪的椅子上坐下。受试者前方桌子上有一个特制的黑色箱子用于遮挡受试者的视线以保证在实验过程中受试者无法看到自己戴着手套的右手。实验过程中受试者需将戴着数据手套和SCR传输器的右手掌心朝上放置于特制的黑箱子内的特定位置，并尽量保持静止不动（如图5.1A所示）。

实验由两部分组成，每一部分包括四个阶段，例如远处的同步刺激、

---

① Ma & Hommel, B. (2013), The Virtual-hand Illusion: Effects of Impact and Threat on Perceived Ownership and Affective Resonance, *Frontiers in Psychology*, 4, p. 604.

远处的不同步刺激、中间位置的同步刺激、中间位置的不同步刺激便是其中的一种序列。在每一个阶段中会出现如下事件，并且每次出现的顺序完全一致：第一步，受试者判断他们所感受到的自己真实右手中指的位置，并通过口头报告的方式选出屏幕上相应位置的字母。第二步，通过同步或者不同步的视觉触觉刺激使受试者对虚拟手产生不同程度的拥有感错觉。虚拟手呈现在屏幕上，看上去好像是从受试者的右手延伸出去的。小球从距离虚拟手 30 厘米处的最高点经过 4 秒落至虚拟手上，再经过 4 秒重新回到最高点；这一错觉诱导过程会一直持续 90 秒。在同步的条件下虚拟的小球和虚拟手之间接触的过程中受试者的掌心会同时感受到振动刺激，即视觉刺激和触觉刺激之间是匹配的；而在不同步的条件下相同的振动刺激在当小球接触虚拟手后重新回到最高点的时候才出现，即视觉刺激和触觉刺激之间是不匹配的。在所有情况下，振动刺激的持续时间均为 1 秒。第三步，受试者需要再次对他们真实右手中指所处的位置进行判断，并用他们没有受到触觉刺激的左手填写拥有感问卷，对自己的拥有感程度进行判断。第四步，之前进行过的引起错觉产生的条件再次出现，只不过此时虚拟刀子将会替代虚拟小球，即进行实验的威胁阶段，在这一阶段中受试者的 SCR 将会被记录。最后，每一个阶段完成之后，实验者会引导受试者进行休息，以保证彻底消除实验处理所造成的拥有感错觉体验，从而不会影响到下一个阶段的实验结果。实验过程如图 5.2 所示。

（二）数据分析和结果

1. 启动条件（远、近）结果及讨论

我们使用 SPSS 19.0 对启动条件下所获得的数据进行了 2×2 的方差分析，两个自变量分别是视觉刺激和触觉刺激之间的同步性（分同步和不同步两个水平）和受试者真手与虚拟手所出现位置的水平距离（分近和远两个水平）。结果的同步性模式和以往研究结果类似[1][2]，拥有感问题 1—5 普遍表现出了显著的同步性效应，而控制问题 6—9 则没有。

---

① Botvinick, M. & Cohen, J. (1998), Rubber Hands "feel" Touch that Eyes See, *Nature*, 391 (6669), pp. 756-756.

② Slater, M., Perez-Marcos, D., Ehrsson, H. H. & Sanchez-Vives, M. V. (2008), Towards a Digital Body: The Virtual arm Illusion, *Frontiers in Human Neuroscience*, 2, p. 6.

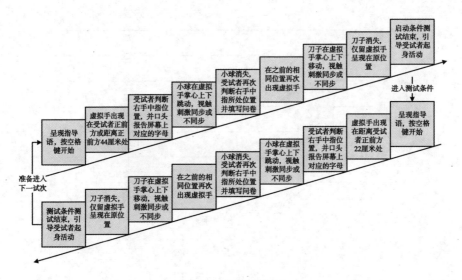

图 5.2　实验流程图

参照以往研究中对问卷数据的处理，我们对问题 1—5 进行了求平均值，并用此结果来表示相应的拥有感。最后方差分析的结果如下：同步性主效应显著，$F(1, 33) = 71.470$，$p < 0.001$，$\eta_p^2 = 0.684$，说明受试者在同步的视觉触觉刺激（$M = 4.126$，$SE = 0.180$）与不同步的视觉触觉刺激（$M = 2.535$，$SE = 0.159$）的条件下所体验到的对虚拟手的拥有感程度有显著差异，无论虚拟手呈现在哪个位置。距离的主效应也显著，$F(1, 33) = 9.837$，$p = 0.004$，$\eta_p^2 = 0.230$，即当虚拟手与真手之间的距离较近时（$M = 3.571$，$SE = 0.134$）受试者会产生更强烈的拥有感错觉，较之距离较远的情况（$M = 3.091$，$SE = 0.184$）。并且，两个因素之间的交互作用也显著，$F(1, 33) = 18.812$，$p < 0.001$，$\eta_p^2 = 0.363$，说明较之距离因素，同步性所产生的影响程度要更大。

双尾配对样本 t 检验结果显示同步性影响因素在距离虚拟手和受试者真手距离近时为 $t(33) = 8.980$，$p < 0.001$，$d = 1.995$，距离远时为 $t(33) = 5.703$，$p < 0.001$，$d = 0.943$，说明同步性效应在虚拟手位于近、远两种条件下均显著；而距离影响因素在视觉触觉同步时为 $t(33) = 4.425$，$p < 0.001$，$d = 0.764$，视觉触觉不同步时为 $t(33) = 0.227$，$p = 0.882$，$d = 0.034$，说明距离效应只在同步条件下显著，而在不同步条件下并不显著（如图 5.3 所示）。

对问卷中拥有感控制问题（Q6—Q9，Q8 除外）的分析显示无论是距

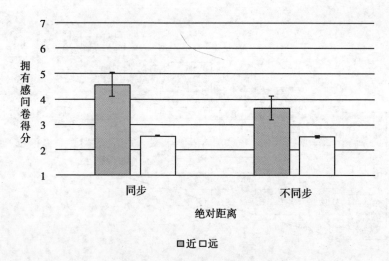

图 5.3　启动条件拥有感问卷结果

离、同步性的主效应抑或是交互作用对其影响都不显著。这一结果同样与以往研究基本一致。拥有感控制问题是指与知觉到的拥有感有关的过程或现象，且问题本身在表述上与拥有感问题类似，但它们并不与拥有感体验直接相联系。控制问题在不同处理条件下的得分差异不显著说明问卷中所选用的拥有感问题是有效的，即不同处理条件影响的只是受试者的拥有感体验而非其他。

对启动条件（虚拟手分别位于远、近两个位置处）下拥有感的研究结果证实了我们的假设，即同步性和真假手之间的距离均会对最终的拥有感体验产生不同的影响。即无论距离远近，当视触刺激同步出现时，受试者都会对投影上的虚拟手产生较之视触刺激不同步时更强的拥有感；并且，无论同步与否，当虚拟手出现在离受试者较近的位置时，受试者也会对虚拟手产生较之较远位置处更强的拥有感。这一结果说明：

首先，本虚拟手实验与以往主张自上而下的加工影响拥有感错觉产生的研究在某些方面得到的结论是一致的。在绝对条件下，无论是自上而下的身体表征还是自下而上的同步刺激都会对最终的拥有感错觉产生决定性的影响。即证实了时间一致性和空间一致性的影响。然而空间一致性是否可以成为影响橡胶手错觉产生的必要条件并不像时间一致性的影响那样广受认可，事实上对空间一致性的影响一直以来都存在较大的争议。即便暂且不去深究到底是实验设置不一致还是因变量不统一等原因造成不同研究之间的出入，但是根据启动条件下所得到的结果至少能够说明这一实验与自上而下的加工起重要作用的支持者的实验之间的相似性与可比性。

其次，尽管绝对距离与同步性对拥有感的影响差异均显著，但较之同步性的影响，绝对距离的影响仍然有所不同。同步性的影响要大于绝对距离的影响。无论虚拟手与受试者之间的绝对距离是远还是近，同步的视触刺激总是要比不同步的视触刺激条件产生更强的拥有感；但绝对距离的影响只有在视触刺激同步的情况下才有显著差异，即当视触刺激同步时，较之远处的虚拟手，近处的虚拟手会让受试者体验到更强的拥有感。但当视触刺激不同步时，无论远近，受试者所体验到的拥有感程度都会比较弱。换言之，纵使虚拟手距离受试者很远时，只要同步的视触刺激存在，受试者也不会体验到特别强烈的虚拟手不属于身体一部分的感觉，但是如果同步的视觉—触觉刺激消失，即便虚拟手出现在眼前，受试者也无法体验到较强的拥有感。这一结果也和已有的橡胶手错觉的研究结果一致[1]，同时也符合扎克瑞斯所提出的理论解释，即拥有感知觉的其中一个评判标准就是作为当前感官输入和身体相关的参照系之间进行比较的结果而出现的[2]。我们对测试条件下（虚拟手位于远、近两个位置中间）拥有感进行研究的主要目的就是考察不同距离参照系情况下受试者对出现在同一位置虚拟手的拥有感体验。

2. 测试条件（中）结果及讨论

问卷结果：同样，我们也使用 SPSS 19.0 对测试条件下所获得的数据进行了 2×2 的重复测验方差分析，两个自变量分别是视觉刺激和触觉刺激之间的同步性（分同步和不同步两个水平）和虚拟手出现位置的顺序（分先近后中和先远后中两个水平）。最后方差分析的结果如下：同步性主效应显著，$F(1, 33) = 67.002$，$p < 0.001$，$\eta_p^2 = 0.670$，说明受试者在同步的视觉—触觉刺激（$M = 4.129$，$SE = 0.175$）与不同步的视觉触觉刺激（$M = 2.694$，$SE = 0.187$）的条件下所体验到的对虚拟手的拥有感程度有显著差异，无论虚拟手以何种距离顺序出现。距离顺序，即环境因素

① Kalckert, A. & Ehrsson, H. H. (2014), The Moving Rubber Hand Illusion Revisited: Comparing Movements and Visuotactile Stimulation to Induce Illusory Ownership, *Consciousness and Cognition*, 26, pp. 117-132.

② Tsakiris, M. (2010), My Body in the Brain: A Neurocognitive Model of Body-ownership, *Neuropsychologia*, 48 (3), pp. 703-712.

的主效应也显著，$F_{(1, 33)} = 39.818$，$p < 0.001$，$\eta_p^2 = 0.547$，即当虚拟手以先远后中的方式呈现时（$M = 3.768$，$SE = 0.156$）受试者会产生更强烈的拥有感错觉，较先近后中的呈现顺序（$M = 3.056$，$SE = 0.179$）。并且，两个因素之间的交互作用也显著，$F_{(1, 33)} = 7.192$，$p = 0.011$，$\eta_p^2 = 0.179$，同步性在先远后中的条件下所产生的影响要比在先近后中的条件下所产生的影响程度更大。

双尾配对样本 t 检验结果显示同步性影响因素在虚拟手以先近后中方式呈现时为 $t_{(33)} = 6.271$，$p < 0.001$，$d = 0.974$，先远后中方式呈现时为 $t_{(33)} = 7.485$，$p < 0.001$，$d = 1.538$，说明同步性效应在虚拟手先近后中和先远后中两种呈现顺序时均显著；并且呈现顺序影响因素在视觉触觉刺激同步时为 $t_{(33)} = 5.458$，$p < 0.001$，$d = 0.882$，视觉触觉刺激不同步时为 $t_{(33)} = 3.224$，$p = 0.003$，$d = 0.359$，说明呈现顺序效应在视觉触觉刺激同步和不同步两种条件下也均显著（如图 5.4 所示）。

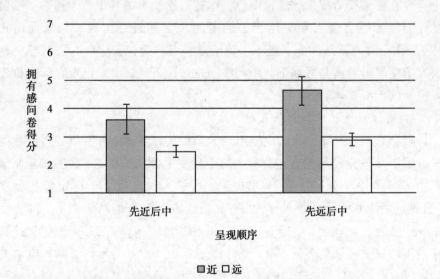

图 5.4　测试条件拥有感问卷结果

本体感觉偏移结果：我们采用 Shapiro-Wilk 法对本体感觉偏移的结果进行对数转换以及正态性检验，$p > 0.8$，满足正态分布要求。对于转换之后的本体感觉偏移值，我们使用 SPSS 19.0 对其进行 2×2 的重复测验方差分析，两个自变量分别是视觉刺激和触觉刺激之间的同步性（分同步和不同步两个水平）和虚拟手出现位置的顺序（分先近后中和先远后中两个水平）。同步性主效应显著，F（1，33）= 26.035，p < 0.001，η_p^2 = 0.441，说明无论虚拟手以何种距离顺序出现，受试者在同步的视觉触觉刺激（M = 2.836，SE = 0.107）与不同步的视觉触觉刺激（M = 2.156，SE = 0.100）的条件下本体感觉偏移程度有显著差异，即在同步条件下受试者对自己右手中指所处位置的报告更偏向于虚拟手所在的位置。距离顺序，即环境因素的主效应也显著，F（1，33）= 24.804，p < 0.001，η_p^2 = 0.429，虚拟手先远后中的呈现顺序下（M = 2.834，SE = 0.104）受试者表现出显著大于先近后中呈现顺序下（M = 2.834，SE = 0.104）的本体感觉偏移程度。并且，两个因素之间的交互作用也显著，F（1，33）= 4.170，p = 0.049，η_p^2 = 0.112，同步性在先远后中的条件下所产生的影响要比在先近后中的条件下所产生的对本体感觉偏移的影响更大（如图5.5所示）。比较图5.4和图5.5可以发现本实验中本体感觉偏移的结果和问卷的结果是一致的。

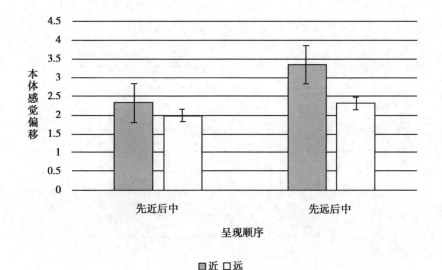

图5.5　测试条件本体感觉偏移结果

双尾配对样本 t 检验结果显示同步性影响因素在虚拟手以先远后中方式呈现时同步性的影响是显著的，t（33）= 5.180，p < 0.001，d = 1.229，但是在先近后中方式呈现时同步性的影响并不显著，t（33）= 1.412，p = 0.167，d = 0.368。而呈现顺序的影响在视觉触觉刺激同步的条件下是显著的 t（33）= 3.954，p < 0.001，d = 1.054，但是在视觉触

觉刺激不同步的条件下并不显著 t（33）= 1.941，p = 0.061，d = 0.429。

皮肤电传导反应结果：我们同样采用 Shapiro-Wilk 法对 SCR 的结果进行对数转换以及正态性检验，$p > 0.6$，满足正态分布要求。对于转换之后的 SCR 值，我们使用 SPSS 19.0 对其进行 2×2 的重复测验方差分析，两个自变量分别是视觉刺激和触觉刺激之间的同步性（分同步和不同步两个水平）和虚拟手出现位置的顺序（分先近后中和先远后中两个水平）。同步性和呈现顺序的主效应均不显著，但两个变量的交互作用显著，F（1，33）= 5.667，p = 0.023，η_p^2 = 0.147，说明同步性效应在先远后中的呈现顺序中所产生的影响要显著大于在先近后中的呈现顺序中所产生的影响。双尾配对样本 t 检验结果显示同步性因素在虚拟手以先远后中方式呈现时的影响是显著的，t（33）= 2.587，p = 0.014，d = 0.379，但是在先近后中方式呈现时同步性的影响并不显著，t（33）= 0.723，p = 0.475，d = 0.128。而呈现顺序的影响无论是在视觉触觉刺激同步条件下 t（33）= 1.821，p = 0.078，d = 0.306 还是不同步条件下 t（33）= 1.135，p = 0.265，d = 0.194 的影响均不显著（如图 5.6 所示）。

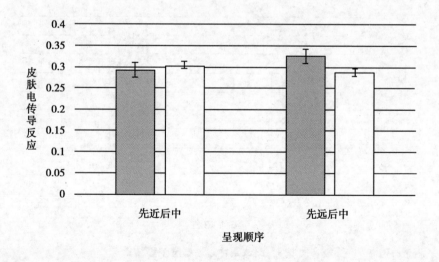

图 5.6　测试条件皮肤电传导反应结果

从测试条件的结果可以发现，同步性的影响依旧存在且无论距离参照系如何变化，视觉—触觉刺激同步条件下的拥有感都要显著高于视觉—触觉刺激不同步条件下的拥有感。并且，和启动条件中的得分情况类似，较之传统橡胶手错觉的研究，虚拟手错觉所产生的拥有感体现在问卷评分上要相对较低。但除此以外，测试条件中更有价值的发现是，即便是对于同一个位置（中）上的虚拟手，受试者也会因为其呈现顺序的不同而产生统计差异显著的不同程度的拥有感体验。

在启动条件中通过改变虚拟手呈现在屏幕上的绝对位置发现随着虚拟手与受试者之间距离的增加，拥有感体验会下降，且两种情况下差异显著。测试条件中，最终考察的是当虚拟手位于启动条件近、远两个位置中点时受试者的拥有感体验。如果如启动条件所揭示的不同位置的虚拟手会对拥有感产生影响并且这种影响是因为身体意象以一种自上而下的方式在发挥作用，那么测试条件中同一个绝对位置上的拥有感程度应该是相同或至少是相似的。然而在测试条件中可以看到，尽管考察的是同一个位置上的虚拟手错觉的程度，但是由于不同的呈现顺序，即距离参照系的存在会让个体对同一绝对位置的虚拟手产生不同的拥有感体验。近、中两个位置的比较让中点位置似乎离受试者更远，而远、中两个位置的比较则让中点位置似乎离受试者更近。尽管我们不能据此认定身体意象不存在，但至少可以猜测或许身体意象确实并不是那么稳定，因此，当外界信息发生改变时，身体意象便会发生改变，从而影响个体对身体拥有感的体验。

（三）身体拥有感的影响因素

身体是如何进行自我表征和识别的问题随着自我问题的回归再次引起了研究者的关注，同时如我们在"橡胶手错觉研究对自我问题的启发"中所提到的自我—他者探测任务、自我—他者变形任务以及掩蔽启动任务等任务的核心假设——外界输入在自我表征和识别过程中必然要与预先存在的某些固定不变的身体意象进行比较与匹配——开始受到了质疑，甚至是身体意象作为一种稳定不变的存在的观点也开始受到了挑战。最为极端的主张是阿梅尔和拉马钱德拉所提出的"身体意象只是一种幻觉，它是大脑为了统一和方便而虚构出来的"[1]。身体意象如果是不稳定的，那么随

---

① Armel, K. C. & Ramachandran, V. S. （2003）, Projecting Sensations to External Objects: Evidence From Skin Conductance Response, *Proceedings of the Royal Society of London B: Biological Sciences*, 270 （1523）, pp. 1499–1506.

之而来的问题便是自我的表征可能也是可变的。本研究的主要目的是在虚拟环境中重现橡胶手错觉，通过考察环境因素对拥有感的影响来说明拥有感可能的建构过程与形成机制。主要通过探讨以下三方面的内容来试图对上述问题给出回答。

1. 同步性对身体拥有感的影响

来自启动条件和测试条件的结果均显示了同步性对身体拥有感的重要影响，无论是虚拟手位于何处、不管是其出现的顺序如何，视触刺激同步条件下受试者体验到的拥有感都要显著高于视触刺激不同步时他们对虚拟手所产生的拥有感。这与以往众多的橡胶手/虚拟手错觉研究中所得到的时间一致性原则也是吻合的。并且进一步的简单效应分析发现，同步性对拥有感的影响不仅在虚拟手离受试者近的情况下差异显著，而且即便当虚拟手离受试者很远的时候，同步性对拥有感的影响依然存在显著差异。此外，测试条件中先近后中和先远后中的条件下，同步性对拥有感体验的影响也分别显著。并且，较之另一个变量绝对距离或相对距离，同步性对身体拥有感的影响也要更大。本实验中所发现的同步性对身体拥有感的影响也从另一个角度为自下而上的加工方式影响错觉的产生提供了佐证①。这些结果再次证实了同步性是橡胶手/虚拟手错觉产生的一个必要条件。但同步性的影响是否像贝叶斯逻辑所主张的那样，只要存在同步的视觉刺激和触觉刺激知觉学习机制便会发生作用，即同步的视触刺激或同步的视觉运动刺激是身体拥有感错觉产生的充分条件？绝对位置对身体拥有感的影响似乎更支持自上而下的加工起主导作用这一取向。

2. 绝对位置对身体拥有感的影响

通过分别考察虚拟手位于屏幕上受试者正前方和距离受试者很远的位置这两种情况下的身体拥有感体验，我们发现无论是否同步，受试者对两种情况下的虚拟手所产生的拥有感程度在统计学上是有显著差异的，即个体对于越远的虚拟手越不容易产生拥有感。换言之，启动条件中的远近两种条件下的拥有感问卷的结果表明，我们的虚拟设置能够重复劳埃德所报

---

① Tsakiris, M., Carpenter, L., James, D. & Fotopoulou, A. (2010), Hands only Illusion: Multisensory Integration Elicits Sense of Ownership for Body Parts but not for Non-corporeal Objects, *Experimental Brain Research*, 204 (3), pp. 343-352.

告的距离效应①，当虚拟手被放置于近处时拥有感问卷得分显著高于虚拟手位于远处时，即当受试者对虚拟手的拥有感错觉程度会随着真手和虚拟手之间的距离增大而减小。值得注意的是，在当前的实验中，绝对的拥有感分值并不高，可能是由于我们的实验装置导致虚拟手看上去离受试者稍微有点远，因为即便是在虚拟手位于近处时，受试者所坐的位置和投影屏幕所在的墙面依然有大约 50 厘米的距离。这一结果与以往研究中所发现的真假手之间的距离和受试者伸手可及的空间范围都会影响最终他们对假手的拥有感程度的结论也是一致的②。因此，我们的发现可以被用来确认距离效应在我们对身体和外部对象进行表征中所产生的影响还是相当稳定的结论。

此外，只有在视触刺激同步且虚拟手位于受试者面前的情况下受试者才会产生相对较强的拥有感。同步性和绝对位置的交互作用显著，在视触刺激同步的情况下受试者对位于不同绝对位置的虚拟手所产生的拥有感体验有较大的差异，而在视触刺激不同步的情况下受试者对不同绝对位置的虚拟手所产生的拥有感体验几乎没有差别，即当视觉上的接触刺激和手上所感受到的触觉刺激之间有较大的时间间隔时，无论虚拟手的绝对位置如何，均不会产生拥有感。可见，本研究在绝对位置对身体拥有感的影响上所发现的不同位置的显著差异的主效应主要是来源于同步情况下的差异。以往研究在谈论这些影响橡胶手/虚拟手错觉产生的因素时往往喜欢分开讨论，但是从本研究的结果可以看到，无论是同步性的影响还是绝对位置的影响都不是孤立地发生作用的。这也就引出了我们下一个要探讨的问题，既然这些因素对拥有感产生影响的同时还受其他因素的影响，那么如果这些因素本身受到影响也可能会影响身体拥有感。

3. 相对位置对身体拥有感的影响

同步性和绝对位置分别作为自下而上和自上而下的代表性影响因素，启动条件中所揭示出的其对身体拥有感的影响显而易见，这同时也说明了

①　Lloyd, D. M. (2007), Spatial Limits on Referred touch to an Alien Limb may Reflect Boundaries of Visuo-tactile Peripersonal Space Surrounding the Hand, *Brain and Cognition*, 64 (1), pp.104-109.

②　Preston, C. (2013), The Role of Distance From the Body and Distance From the Real Hand in Ownership and Disownership During the Rubber Hand Illusion, *Acta Psychologica*, 142 (2), pp.177-183.

身体意象是存在的，或者至少存在某种类似于身体意象的事物以自上而下的方式影响自我表征。然而至此，我们依然好奇的是身体意象是否可变的问题。为了研究影响橡胶手/虚拟手错觉产生因素本身受到影响时会对拥有感产生什么样的影响，同时也为了更好地回答身体意象是否可变的问题，本研究在测试条件中通过变化语境信息引入相对距离参照系，从受试者对虚拟手在不同呈现顺序条件下的相对位置体验来考察其对身体拥有感的影响。

结果表明，在测试条件中身体拥有感会受到呈现顺序的影响，即知觉语境所造成的相对距离也会对最终的拥有感产生影响。当绝对距离保持不变的时候，拥有感错觉的大小会随着语境所造成的真手和虚拟手之间的相对距离的变化而变化。考虑到启动条件中所观察到的实际距离的影响，我们不能完全排除物理距离存在影响的可能性，但是将真手和虚拟手之间之前的距离和当前的距离联系在一起从而形成的相对距离的体验对最终的拥有感产生影响似乎更为合理，因为受试者身体和投影屏幕之间的物理距离在整个实验过程中都是保持不变的。因此，从先远后中的呈现顺序会比先近后中的呈现顺序引起受试者产生更明显的对虚拟手的拥有感体验这一结果可见，拥有感知觉只依赖于客观的情境变量和内部表征的假设并不成立，并且像伸手可触及的范围等客观的空间参数以及/或是预先存在的身体模型会决定主体对自我和他者的表征的观点也无法得到证实。相反，拥有感似乎是依赖于包括由相同条件下之前的体验所形成的主观印象等在内的不同的信息来源。

具体而言，较之绝对位置上的拥有感体验情况，在视觉刺激和触觉刺激同步的情况下，先近后中的呈现方式会降低受试者的拥有感体验，而先远后中的呈现方式则会加强受试者的拥有感体验。距离参照系的引入改变了我们体验身体拥有感的环境，尽管两种条件下都是对中间位置的虚拟手的拥有感进行判断，但是在先近后中的条件下，较之先前位于近处的虚拟手，中间位置的虚拟手远离了受试者，以近处的身体意象为标准，中间位置的虚拟手变得更不像自己的手；而在先远后中的条件下，较之先前位于远处的虚拟手，中间位置的虚拟手靠近了受试者，以远处的身体意象为标准，中间位置的虚拟手会变得更像自己的手。当然这里有一个预设前提，即身体意象在一定范围内是可变的。因为如果只存在一种并且是稳定的身体意象，总是以一种自上而下的方式影响自我表征，那么无论呈现虚拟手的环境信息如何变化，对于同一个位置的虚拟手受试者的拥有感体验应该都是一致的。这显然与我们的实验结果所提供的数据并不一致。

（四）拥有感可塑性研究对探讨自我问题的意义

1. 自我—他者表征的不稳定性

我们能够将自己知觉为有别于其他个体、有别于外界环境的独特的存在的前提是我们本能地能够对自我和他者进行快速自动地表征并加以区别。当我口渴时，我或许会伸出手去拿水杯，我也或许要（实际上大部分情况下都需要）去寻找水杯位于何处，但是我们从来不需要像寻找水杯一样去寻找自己的手。正如维特根斯坦曾对"我"这一第一人称代词在自我指称中的用法所做的经典区分：我作为主体和我作为客体，当我作为主体时，我们不会将"我"指称为错误的对象①。

我这一第一人称代词被作为客体时的使用可以通过理解说话者可能关于什么出错以及别人可以问他们的各种合理问题而加以认识。例如，如果有人说"我觉得外面正在下雨"，关于是否正在下雨他有可能会出错，因为有可能根本就没有在下雨。但是，似乎他不可能关于"我"出错，也就是，当他在说是他正在想的时候，他不会将自己误认为别人或将他人误认为自己。因此，维特根斯坦指出诸如"你能确定正是你认为外面正在下雨吗？"这样的问题就显得无法理解。这种对第一人称代词的使用是遵循对错误识别的免疫原则的。相反，当我们使用第一人称代词作为客体时，我们是有可能对自己发生识别错误的。例如，在某些实验条件下，受试者的手臂会发生传入神经阻滞（deafferented），即受试者被剥夺了正常的关于他们手臂位置的本体感觉反馈，让他们只能通过视觉反馈进行跟踪。随后实验者再通过镜子或播放视频录像对他们的手臂移动进行视觉效果上的控制②③。在这些例子中，受试者可能会根据他们在镜子中所看到的或者

---

①　Wittgenstein, L. (1958), *The Blue and Brown Books*, Oxford：Blackwell, p. 56.

②　Daprati, E., Franck, N., Georgieff, N., Proust, J., Pacherie, E., Dalery, J. & Jeannerod, M. (1997), Looking for the Agent：An Investigation Into Consciousness of Action and Self-consciousness in Schizophrenic Patients, *Cognition*, 65 (1), pp. 71–86.

③　Jeannerod, M. (1994), The Representing Brain：Neural Correlates of Motor Intention and Imagery, *Behavioral and Brain Sciences*, 17 (02), pp. 187–202.

通过视频录像所看到的他人手臂往左边的移动而说"我正在将我的手臂移向左边"。在这种情况下，受试者对于谁正在移动手臂会发生错误的判断，此时说"我"就会涉及对一个人自己的客观的识别错误①。按照西尼·舒梅克（Sydney Shoemaker）的解释，之所以当我们以"自我作为主体"的方式使用第一人称代词时能够免疫于指称错误，是因为这种情况下第一人称代词指称的是一个前反思的、作为经验主体的自我，即便客体端的经验内容发生错误，作为经验主体的自我也总是伴随任何经验出现在主体端，由此避免第一人称代词指称错误②。

然而，在我们通过虚拟手错觉对拥有感可塑性所进行的研究以及任何橡胶手/虚拟手错觉所展示的结果中可以看到，通过同步的视觉触觉刺激，实验者能够轻而易举地让受试者对不属于自己身体一部分的外部对象产生拥有感。尽管在实验过程中没有对受试者进行任何剥夺本体感觉反馈的处理，但是他们依然一方面会报告仿佛手上感到的触觉是从虚拟手所处的位置传过来的，另一方面表现出朝向虚拟手的本体感觉偏移，并且当虚拟手受到威胁时他们也会表现出较之控制条件更为明显的皮肤电传导反应的变化。可见，自我和他者之间的表征并不稳定，自我和他者之间的区别也并不绝对。这就为我们进一步对身体意象的可塑性的探讨奠定了基础。既然自我和他者之间的关系可能是相对的，那么主体对于自我本身的表征是可塑的也是完全有可能的。

2. 身体意象的可塑性

在当前认知科学的实验范式中，身体意象的概念是由一系列与身体有关的知觉、态度及信念所构成的。作为意识层面上对"我"的身体应该是"如何"的一种表征，它所表征的是主体对自己身体大小、形状以及与众不同的特点所感知到的形式③④，并且身体意象的确认依赖于一类更

① Gallagher, S. (2000), Philosophical Conceptions of the Self: Implications for Cognitive Science, *Trends in Cognitive Sciences*, 4 (1), pp. 14–21.

② Shoemaker, S. S. (1968), Self-reference and Self-awareness, *The Journal of Philosophy*, 65 (19), pp. 555–567.

③ De Vignemont, F. (2010), Body Schema and Body Image—Pros and Cons, *Neuropsychologia*, 48 (3), pp. 669–680.

④ Gallagher, S. & Meltzoff, A. N. (1996), The Earliest Sense of Self and Others: Merleau-Ponty and Recent Developmental Studies, *Philosophical Psychology*, 9 (2), pp. 211–233.

为精细的具身体验——拥有感①。

虽然身体意象一直被认为是后天在与环境的交互作用中不断发展的②，但很多研究者认为成年人的身体意象是相对稳定的，并且在我们的认知活动过程中发挥着重要作用。异常的身体意象往往是与某些躯体障碍或神经精神疾病有着某种程度的联系。例如，神经性厌食症（anorexia nervosa）、异己手综合征、躯体妄想症以及身体整合意象障碍（body integrity image disorder）等③④。来自后天截肢病人对幻肢产生触觉（包括痛觉与痒觉等）的临床报告进一步确认了成年人身体意象所具有的稳定性⑤。然而，随后相关领域中的大量实验证据显示，后天截肢病人在接受诸如运动想象（motor imagery）、镜像视觉反馈训练（mirror visual feedback treatment）等学习与训练后，幻肢体验能够被纠正，随附的痛觉体验会得到缓解⑥。近来甚至有研究发现，先天患有海豹肢畸形症（phocomelus）的患者，也可以通过镜像视觉反馈训练使其逐渐获得完整的幻手指体验⑦。这些研究不仅质疑了身体意象的稳定性，甚至对身体意象是否存在提出了科学挑战。身体意象究竟是稳定的、不变的还是不稳定的、可塑的？通过橡胶手错觉对拥有感的研究能否对围绕身体意象的探讨有所助益？

① De Vignemont, F. (2011), Embodiment, Ownership and Disownership, *Consciousness and Cognition*, 20 (1), pp. 82-93.

② De Vignemont, F. (2010), Body Schema and Body Image—Pros and Cons, *Neuropsychologia*, 48 (3), pp. 669-680.

③ Ramachandran, V. S., Brang, D., McGeoch, P. D. & Rosar, W. (2009), Sexual and Food Preference in Apotemnophilia and Anorexia: Interactions Between "Beliefs" and "Needs" Regulated by Two-way Connections Between Body Image and Limbic Structures, *Perception*, 38 (5), pp. 775-777.

④ Tsay, A., Allen, T., Proske, U. & Giummarra, M. (2015), Sensing the Body in Chronic Pain: A Review of Psychophysical Studies Implicating Altered Body Representation, *Neuroscience & Biobehavioral Reviews*, 52, pp. 221-232.

⑤ Ramachandran, V. S., Rogers-Ramachandran, D. & Cobb, S. (1995), Touching the Phantom Limb, *Nature*, 377 (6549), pp. 489-490.

⑥ Giummarra, M. J., Georgiou-Karistianis, N., Nicholls, M. E., Gibson, S. J., Chou, M. & Bradshaw, J. L. (2010), Corporeal Awareness and Proprioceptive Sense of the Phantom, *British Journal of Psychology*, 101 (4), pp. 791-808.

⑦ McGeoch, P. D. & Ramachandran, V. (2012), The Appearance of New Phantom Fingers Post-amputation in a Phocomelus, *Neurocase*, 18 (2), pp. 95-97.

　　根据我们对拥有感可塑性的研究结果，一方面，绝对距离对拥有感错觉的影响肯定了身体意象作为一种稳定的内部表征而在拥有感体验中所发挥的作用；另一方面，呈现顺序所导致的相对距离对拥有感错觉的影响也说明影响拥有感体验的因素似乎并不是那么稳定，暗示着身体意象存在的可塑性。

　　值得注意的是，按照自由能量原理或最小震惊原理的解释，这种身体意象的可塑性不仅不会导致"自我"的瓦解或混乱，反而还是维系"自我"的重要保障。受到自上而下与自下而上加工的交互作用，自由能量将得以流动与重新组织。身体意象的表征作用和感官系统输入信息之间的联合会产生一个动态的评价过程。大脑会根据新的信息输入不断地对什么是最可能属于"我"的进行评估。为了保证以最优的方式处理问题，大脑必须"学会"构建一个良好的稳定模型来预测感官输入的结果①。这种建构以避免震惊或震惊最小化为最终目的。身体意象在个体的日常体验以及实验的启动条件中便发挥着类似的作用，帮助其快速判断一个对象是否属于自己身体的一部分。在视触刺激同步的情况下，距离身体越远的虚拟手会越处于解剖学上不可能的位置，将会产生越弱的拥有感。然而，动态的评价过程意味着大脑会根据新的信息输入不断更新表征，因此相应的自我表征便应该是可变的，从而身体意象也不可能一直以稳定不变的形式存在。在测试条件中，距离参照系的引入所产生的相对位置意味着环境信息的改变。这一改变所引起的大脑重新评估便使得身体意象也发生了一定程度的改变（受试者对于中间位置虚拟手的拥有感会受到距离参照系的影响而产生变化）。这种变化的目的是维系自我并避免震惊②。拥有感可塑性的研究使我们能够更好地对自我表征的可塑性加以理解。

　　然而在日常体验中，仅有拥有感而没有自主感的情况并不多见，即便出现也不会持续太久，因此，对于最小自我的研究除了拥有感还必须同时重视自主感的问题。尽管自主感较之拥有感更为错综复杂，但是只有同时对拥有感和自主感的共同作用展开研究才能更好地理解最小的身体自我是

---

　　① Apps, M. A. & Tsakiris, M. (2014), The Free-energy Self: A Predictive Coding Account of Self-recognition, *Neuroscience & Biobehavioral Reviews*, 41, pp. 85-97.

　　② 张静、陈巍：《身体意象可塑吗？——同步性和距离参照系对身体拥有感的影响》，《心理学报》2016 年第 8 期。

如何被建构的，并且才有可能在此基础上进行更深入的对以拥有感和自主感为基础的更高水平的情感体验等叙事的自我的一些成分进行探讨，从而为自我的建构论主张提供更多的实证支持。接下来将要介绍的是拥有感和自主感的可塑性及其对焦虑的影响研究[①]。

二　最小自我的可塑性及其对焦虑的影响

我们将运动因素引入第二个实验的设计之中，同时对拥有感和自主感的可塑性进行考察，并尝试在此基础上探究两类体验共同构成的最小自我的可塑性对高阶的情感认知的影响。因为基于橡胶手和虚拟手错觉范式的研究还发现将某外部对象知觉为某人身体的一部分的过程还会引起对作用在该外部对象上的威胁产生强烈的情感反应。阿梅尔和拉马钱德拉[②]首先同步地、反复地刺激受试者的真手和橡胶手，我们知道根据传统橡胶手错觉的经典研究结果，这种方式会引起受试者产生对橡胶手的拥有感。随后，如果橡胶手受到伤害，受试者会表现出强烈的皮肤电传导反应，这一指标被广泛接受为情绪自动唤起的指标。脑成像研究也显示当威胁作用于一只被受试者"拥有"的橡胶手时会引起大脑与焦虑和内省觉知相关的皮层如脑岛和前扣带回的皮层被激活，并且这种激活模式也会出现在受试者真手受到威胁时。

有一项研究测量了当有威胁作用于虚拟手时的 SCR 反应。实验中受试者根据实验者的引导通过操作虚拟手或箭头在虚拟环境中玩游戏。在游戏的过程中，一盏虚拟的台灯会从上而下地掉在虚拟手或虚拟箭头上。这一过程会在虚拟手的情况下引起 SCR 较大程度的增加，但如果台灯是掉在虚拟箭头上则 SCR 的变化并不显著[③]。但是也有研究者对此表示质疑。他们指出，掉下来的台灯只是接触了虚拟手或箭头但并不会对它们造成什

① Zhang, J. & Hommel, B. (2015), Body Ownership and Response to Threat, *Psychological Research*, pp. 1-10.

② Armel, K. C. & Ramachandran, V. S. (2003), Projecting Sensations to External Objects: Evidence From Skin Conductance Response, *Proceedings of the Royal Society of London B: Biological Sciences*, 270 (1523), pp. 1499-1506.

③ Yuan, Y. & Steed, A. (2010), Is the Rubber Hand Illusion Induced by Immersive Virtual Reality? Paper Presented at the Virtual Reality Conference (VR), 2010 IEEE.

么损伤，或许认为它们所代表的是接触要比认为它们所代表的是威胁更为合理，因为威胁应该是一个可能的破坏事件。为了检验是否单纯的接触和可能的破坏事件会触发不同的情感状态，研究者依然采用经典的同步性作为其中的一个变量，同时分别设置了两类不同的条件，让一个小球从上往下掉在虚拟手上或让一把刀子从上往下掉在虚拟手上。前者被认为是几乎没有可能造成伤害的接触事件，而后者则可以被理解为是有相当可能造成伤害的威胁事件。结果表明，当虚拟手和小球发生接触时，即在所谓的接触事件中，只有在同步条件下，SCR 才会出现明显的增加，不同步的条件下则不会，因为只有同步的条件下虚拟手才会被受试者感受为自己身体的一部分，所以，也就是说，对于接触事件，只有当虚拟手被感受为自己身体一部分时受试者才会产生明显的情感变化；而当虚拟手和刀子发生接触时，即在所谓的威胁事件中，无论是同步条件还是不同步条件，SCR 都会出现明显的增加。也就是说，对于威胁事件，不管受试者有没有将虚拟手感受为自己身体的一部分，当观察虚拟手受到可能的威胁时，他们都会出现 SCR 显著的增加①。

这些证据可以被用来说明拥有感、自主感和情感反应是相关联的，即当这些人造的对象处于被威胁的情况下，对人造的手或其他对象所产生的不同程度的拥有感和自主感会和强烈的情感反应相联系。然而，以往的研究都是使用 SCR 来评估情感反应，并且只是单纯地将这种测量作为对拥有感和自主感的另一项评估手段（和我们在前一个实验中的做法一样），而情感过程的种类和具体的程度则很少受到关注。尽管 SCR 通常被认为是和情感反应相联系的，但它是一种非选择性的、无区分的评估唤起水平的测量方法②③而不能针对某一特定的情绪。因此，这就使得我们无法确定 SCR 效果反映的是一般的动机态度还是惊讶抑或是特定的情绪。并且，即便有情绪卷入，我们还是不知道涉及的是哪一种情绪。但是根据常识经验我们知道，有一个明显的情感反应说明这种情形很有可能会引发焦虑反

---

① Ma，k. & Hommel，B.（2013），The Virtual-hand Illusion: Effects of Impact and Threat on Perceived Ownership and Affective Resonance, *Frontiers in Psychology*，4，p.604.

② Ehrsson，H. H.（2007），The Experimental Induction of Out-of-body Experiences，*Science*，317（5841），pp.1048-1048.

③ Guterstam，A.，Petkova，V. I. & Ehrsson，H. H.（2011），The Illusion of Owning a Third Arm，*PLoS One*，6（2）.

应，因此当前研究中我们将会聚焦于拥有感和自主感与焦虑水平之间的关系。实际上，我们有理由假设如果一个人的某一或某些身体部位会成为可能的威胁事件的目标时，人们会因此产生焦虑。换言之，我们假设当虚拟的手或外部对象被知觉为受试者身体一部分的时候，焦虑水平便会更高。因此，虚拟手或外部对象和受试者相应的身体部分之间同步的移动会引起受试者对虚拟对象拥有感和自主感的增加，我们因此预期在同步条件下的焦虑水平要高于不同步条件下的焦虑水平。

我们所考虑的第二个独立的变量是虚拟对象的模态特征（modality）。类似于经典橡胶手错觉的设置，采用虚拟现实技术的研究往往也是采用人手的虚拟表征作为候选的身体部分。因为有些研究者认为拥有感错觉需要候选的身体部分和真实的身体部分之间有相当程度的一致性，所以这似乎是一个显而易见的选择。然而，近来的研究也发现对于和真实身体部分并不一样的外部对象，受试者在某些条件下也能对其产生拥有感和自主感，认为这些外部对象会被认为好像是自己身体的一部分。例如，如果受试者能够通过移动自己的手来控制虚拟的气球和长方形的大小、方向或颜色的变化，他们便会产生对虚拟的气球和长方形的拥有感和自主感。由此得到的结论是只要我们能够对这些事物进行有意图的控制，我们就可能对任何事物产生拥有感和自主感[1][2]。然而，上述研究中的结果都暗示对与身体物理特征不相似的外部对象的拥有感和自主感并不必然能被转换为同等程度的情感反应。就我们当前的研究而言，这说明同步性所引发的威胁条件下的焦虑水平可能对与身体不相似的对象而言要比与身体相似的对象而言低一些。为了对此进行检验，我们对虚拟对象的模态特征进行了控制，在其中一种条件下是人手，即和以往其他虚拟手实验中的设置一样，而在另一种条件下是猫爪。猫爪和人手的摆放方向和位置都是一样的，但是无论在肤色还是其他的细节上，猫爪显然和人手是不一样的。我们对这两种不同的虚拟对象的形态在同步和不同步条件下对拥有感和自主感的影响很感兴趣，这一点我们将在预实验中加以检验。此外，我们也很想知道是否以

---

① Ma, k. & Hommel, B. (2015a), Body-ownership for Actively Operated Non-corporeal Objects, *Consciousness and Cognition*, 36, pp. 75-86.

② Ma, k. & Hommel, B. (2015b), The Role of Agency for Perceived Ownership in the Virtual Hand Illusion, *Consciousness and Cognition*, 36, pp. 277-288.

及如何这种可能的不同会转换成威胁发生时对焦虑水平的影响，这将在随后的实验1和实验2中进行探索。

在实验1中，我们通过让受试者参与一项要求他们控制鼠标操作虚拟对象来接住金币并且躲开刀子的游戏来提供与焦虑相关的任务。我们希望通过这种操作能够有效地引起某些程度的焦虑水平，尤其是在受试者对虚拟对象有拥有感和自主感的时候。实验2重复了实验1的条件，但是每位受试者只进行两种任务中的其中一种，即要么完成接金币任务，要么完成躲刀子任务。

（一）实验设置和过程

本实验由三个小的分实验构成，分别为预实验、实验1和实验2。预实验的目的在于评估同步性和模态性对受试者拥有感和自主感体验的影响。我们通过同步性来引发（如果虚拟人手或猫爪和受试者真手的移动是同步的）或抑制（如果虚拟人手或猫爪和受试者真手的移动是不同步的）拥有感和自主感。实验1的主要目的是考察不同的拥有感和自主感水平下受试者在共同面对不同奖励惩罚任务时焦虑水平的变化情况。为了避免对拥有感和自主感的测试会对焦虑水平的测量造成额外的影响，我们将对焦虑水平的测量和对拥有感和自主感的测量进行了分离。即在预实验中对我们的实验设置所能引发的拥有感和自主感的水平进行测量，而在两个正式实验中，采用与实验相同的设置各自对不同条件下的焦虑水平进行评估。一般而言，在虚拟对象受到威胁时焦虑水平会上升，尤其是在拥有感和自主感都较高的情况下。我们分别对两种不同的虚拟图像，即人手和猫爪，进行比较，我们的预期是当人手和猫爪同样是在同步的条件下受到威胁的时候，前者较之后者有更高的焦虑水平。实验1由于奖惩任务共同出现而导致我们无法直接分别考察奖励和威胁任务对焦虑水平的影响。为此在实验2中我们对两类不同的任务进行了分离，即受试者最后完成的或者是奖励任务或者是惩罚任务，两者只取其一。我们的预期是，执行惩罚任务的受试者会比执行奖励任务的受试者在相同的拥有感和自主感水平上表现出更高的焦虑水平。

1. 受试者

预实验的受试者是64名来自浙江杭州某高校的大学生，对橡胶手/虚拟手的原理和操作均不熟悉，年龄为18—30岁（$M = 20.83$, $SD = 2.61$）。

实验 1 的受试者是 96 名来自浙江杭州某高校的大学生，对橡胶手/虚拟手的原理和操作均不熟悉，年龄为 18—30 岁（$M = 21.01$，$SD = 2.53$）。实验 2 的受试者是 96 名来自浙江杭州某高校的大学生，对橡胶手/虚拟手的原理和操作均不熟悉，年龄为 18—28 岁（$M = 20.94$，$SD = 2.34$）。每位受试者只参加三个分实验中的其中一个。所有受试者都为右利手，视力或矫正视力正常。本研究经学校相关研究道德委员会审批通过。书面的实验告知书在实验开始之前给受试者过目，并获得受试者口头及书面签字确认后正式进入实验阶段。

2. 实验设计

预实验采用了 2×2 被试间设计，之所以没有采用被试内设计的主要原因是避免可能的错觉效应的转移①。两个自变量分别是同步性（同步 vs. 不同步）和模态性（人手 vs. 猫爪），为此最后会出现四种不同的实验条件：同步人手、同步猫爪、不同步人手、不同步猫爪。实验 1 与预实验一样，采用了 2×2 被试间设计，两个自变量分别是同步性（同步 vs. 不同步）和模态性（人手 vs. 猫爪），和预实验一样，最后会出现四种不同的实验条件：同步人手、同步猫爪、不同步人手、不同步猫爪。实验 2 所用刺激材料以及操作过程均与实验 1 类似，但是由于在奖惩任务部分对任务类型进行了分离，为此最后的实验为 2×2×2 被试间设计，三个自变量分别是同步性（同步 vs. 不同步）、模态性（人手 vs. 猫爪）以及任务类型（接金币 vs. 躲刀子）。最后会出现八种不同的实验条件：同步人手接金币、同步人手躲刀子、同步猫爪接金币、同步猫爪躲刀子、不同步人手接金币、不同步人手躲刀子、不同步猫爪接金币、不同步猫爪躲刀子。

3. 实验程序

本研究在虚拟环境中进行，程序通过 VB. NET 编程语言编写。受试者需要坐在电脑前面，虚拟的图像（人手或猫爪）被呈现在受试者面前的电脑屏幕上（如图 5.7B、C 所示）。鼠标被置于电脑屏幕前方的一个特制的盒子内。在预实验过程中，实验者会指导受试者将右手置于鼠标上，并根据自己的意愿主动地移动鼠标，同时观察电脑屏幕中虚拟的人手或猫爪的移动（如图 5.7A 所示）。3 分钟的移动和观察之后，受试者需要完成一

---

① Zhang, J., Ma, K. & Hommel, B. (2015), The Virtual Hand Illusion is Moderated by Context-induced Spatial Reference Frames, *Frontiers in Psychology*, 6, p. 1659.

份含有 12 个问题的问卷，该问卷主要用于评估受试者对虚拟人手或虚拟猫爪的拥有感和自主感的错觉体验。实验 1 包含两个阶段，阶段一为拥有感和自主感的启动阶段，受试者移动鼠标同时观察电脑屏幕中虚拟图像的移动情况，实验过程同预实验；阶段二为焦虑水平的诱导阶段，受试者完成接住金币或躲开刀子的奖惩任务，受试者需要在尽可能多地接住金币的同时尽量避免被刀子砍中。

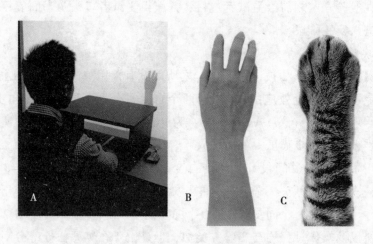

图 5.7   实验设置（A）以及虚拟图像的不同形态（B、C）[1]

4. 测量方法

为了对拥有感和自主感进行测量，我们改编了以往其他研究中的拥有感和自主感问卷[2]，并结合当前的实验设置进行了适当的调整。问卷采用李克特量表法进行计分，每个问题都包含从−3（非常不同意）到+3（非常同意）7 个不同的级别。Q1—Q3 直接和将虚拟图像知觉为自己的手的体验有关，Q7—Q9 则直接和自愿地控制以及自主性的体验有关。剩下的问题是与拥有感和自主感相关的问题。也有研究中称这些问题为控制问题，但是考虑到它们的实际结果，这些问题的得分情况和我们上一个实验

---

① 图片转摘自 Zhang, J. & Hommel, B.（2015），*Body Ownership and Response to Threat*，*Psychological Research*，pp. 1−10。

② Kalckert, A. & Ehrsson, H. H.（2014），The Moving Rubber Hand Illusion Revisited：Comparing Movements and Visuotactile Stimulation to Induce Illusory Ownership，*Consciousness and Cognition*，26，pp. 117−132.

量表中的控制问题的结果并不相同，我们认为本实验中的这些相关/控制问题很可能和错觉的其他方面有关（例如，当虚拟图像的视觉刺激和真手所发出的运动指令在时间上不同步时，它们可能能够反映受试者的内部冲突）。我们将对所有的这些问题的结果进行报告，以便进行更好的比较。对于Q10—Q12，我们将通过反向计分的方式进行结果报告，因为相应的问题是以失去控制感和自主性的形式表达的。反向计分能够使Q7—Q9的自主感问题和Q10—Q12的自主感相关问题的比较更为直接。为了减少受试者的答题策略所产生的影响，我们在问题呈现顺序上进行了控制，不同的问题在不同的试次中会出现在问题序列的不同位置。具体问题见附录2。

我们使用焦虑问卷来评估情绪的主观水平。这种方法的优点在于它提供了一种直接的对于一种特定情绪以及受试者的体验程度如何的洞察。然而这种方法的不足在于它不能如SCR所做的那样提供一种持续的测量，并且这种测量本身需要占用一定的时间和注意资源。因此这就使提供一种对拥有感错觉无偏差的评估变得更加困难：无论是先填写拥有感、自主感问卷还是先完成焦虑量表再填写拥有感、自主感问卷都不能排除先进行的问卷调查对后进行的问卷调查的影响。因此，我们最终采用的方式是将对拥有感和自主感的测量和对焦虑水平的测量进行分离。我们首先会通过控制同步性和模态性来检验在我们的虚拟环境下两个自变量对拥有感和自主感的影响，即不同同步性和模态性水平下拥有感和自主感的差异。之后我们再进行两个实验来考察不同拥有感和自主感条件下执行奖惩任务时焦虑水平的变化。

在奖惩任务之后电脑屏幕上会呈现状态焦虑量表（State-Anxiety Inventory，S-AI）。状态焦虑量表为状态—特质焦虑问卷（STAI）的分量表之一，STAI由查尔斯·斯皮尔贝格尔（Charles D. Spielberger）等人编制，首版于1970年问世，曾经过2000多项研究，1988年被译成中文。该量表为自评量表，包含状态焦虑量表（我们在本实验中所采用的）和特质焦虑量表。状态焦虑量表包含20个与焦虑有关的陈述，描述一种通常为短暂性的不愉快的情绪体验，如紧张、恐惧、忧虑和神经质，伴有自主神经系统的功能亢进。其中10个问题是正向陈述，即得分越高表示焦虑水平越高，另外10个问题是反向陈述，得分越高表示焦虑水平越低。状态焦虑量表的计分分为四个等级：1——完全没有；2——有些；3——中等程度；4——非常明显。具体问题见附录 3（其中 3、4、6、7、9、12、13、14、17 以及 18 为正向计分题，其余的为反向计分题）。

在实验 1 和实验 2 中，焦虑水平都是通过实验操作进行完毕之后的后测问卷调查完成的。如果能够在实验操作之前进行焦虑水平的测量对于排除受试者的个体差异以及提供更多信息都是大有帮助的。然而在实验一开始就要求受试者回答焦虑有关的问题会让他们提前注意到焦虑问题将会是我们的研究重点，这反过来可能适得其反地容易产生天花板效应，即导致所有受试者都很紧张而使实验操作的真正作用无法在结果中得以呈现。因此，我们只对每位受试者进行一次焦虑水平的测量，也就是我们只通过后测的方式进行焦虑水平的评估。

5. 实验过程

预实验中，每位受试者会被随机分配至四种条件中的其中一个。受试者坐在电脑屏幕前，通过移动右手操作鼠标从而"控制"虚拟图像的移动。所有的指导语与操作流程均通过电脑呈现给受试者。在阅读指导语之后，受试者会看到有一只虚拟的人手或猫爪出现在电脑屏幕上。在接下来的 3 分钟时间内，他们能够移动自己的手（和鼠标），同时屏幕中的虚拟手或猫爪会出现同步的移动（虚拟图像的移动和真手的移动之间没有延时）或不同步的移动（虚拟图像的移动较之真手的移动会出现 350—500 毫秒的延时。时间根据岛田等人以往的研究①进行设置）。在完成这一阶段之后，受试者回答问题完成实验。

实验 1 中，受试者被随机分配至四个序列的其中之一进行 3 分钟的移动鼠标控制虚拟手或虚拟猫爪并观察其移动的拥有感和自主感的启动阶段。在拥有感和自主感启动阶段结束之后，屏幕上会呈现关于奖惩任务的说明指导语，告知受试者随后屏幕上会出现从上往下掉的刀子或金币，受试者需要尽可能多地接住金币同时尽量躲开刀子。接住金币会出现"叮咚"声以示奖励，而被刀子砍中则会出现"啊"声以示惩罚，同时接住一个金币得 1 分，被刀子砍中一次减 1 分，在屏幕的右上角会有相应的分值统计显示受试者接住金币和被刀子砍中的情况。同时告知受试者实验的目的是对他们的反应灵敏度进行测试。在完成第二个阶段的奖惩任务之后

---

① Shimada, S., Fukuda, K. & Hiraki, K. (2009), Rubber Hand Illusion Under Delayed Visual Feedback, *PLoS One*, 4 (7).

受试者按要求对电脑屏幕上呈现的状态焦虑量表进行作答。

实验 2 中，受试者被随机分配至八个序列的其中之一进行 3 分钟的移动鼠标控制虚拟手并观察其移动的拥有感和自主感启动阶段，以及随后的持续 2 分钟的接金币或躲刀子的奖惩任务阶段。实验 2 的操作过程基本与实验 1 相同，只是最后受试者所完成的任务从同时接金币和躲刀子变成了或者尽可能多地接住金币，或者尽可能躲开刀子，即同一个受试者只需完成两种任务中的其中一种。

（二）数据分析和结果

1. 预实验结果及讨论

我们使用 SPSS 19.0 对预实验中所获得的拥有感、自主感、拥有感相关、自主感相关等问题的数据进行了 2×2 的方差分析，两个自变量分别是视觉反馈和发起动作之间的同步性（分同步和不同步两个水平）和虚拟图像的模态性（分人手和猫爪两个水平）（结果如图 5.8 所示）。

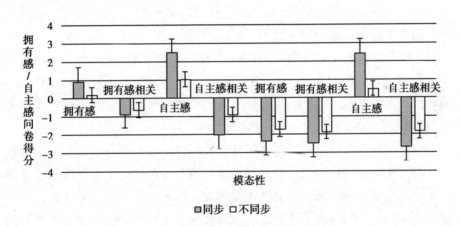

图 5.8　同步性和模态性对拥有感和自主感的影响

从拥有感问题的结果来看，模态性主效应显著，$F(1, 63) = 91.98$，$p < 0.001$，但是同步性的主效应并不显著，$F(1, 63) = 0.04$，$p = 0.848$。较之虚拟图像为猫爪时的情况（$M = -2.02$，$SD = 1.02$），受试者在虚拟图像为人手的时候（$M = 0.57$，$SD = 1.21$）报告了更强的拥有感体验，无论受试者真手的移动和虚拟图像的移动是否同步进行。同步性和模态性两个变量之间的交互作用显著，$F(1, 63) = 6.63$，$p = 0.015$，说

明同步性的影响在虚拟图像为人手条件下比猫爪条件下的影响更显著。从拥有感相关问题的结果来看，模态性主效应显著，$F(1, 63) = 21.21$，$p < 0.001$，而无论是同步性的主效应 $[F(1, 63) = 1.72, p = 0.195]$ 还是模态性和同步性两个变量之间的交互作用 $[F(1, 63) = 0.41, p = 0.525]$ 都不显著。无论是否同步，受试者对虚拟人手都表现出了较之虚拟猫爪对于拥有感相关问题的更高程度的赞同。

从自主感问题的结果来看，同步性的主效应 $[F(1, 63) = 37.22, p < 0.001]$ 显著，而模态性的主效应 $[F(1, 63) = 1.11, p = 0.296]$ 以及同步性和模态性两个变量之间的交互作用 $[F(1, 63) = 0.82, p = 0.370]$ 都不显著。较之不同步的情况 $(M = 0.77, SD = 1.39)$，受试者对于和自己真手移动同步的虚拟图像（无论是虚拟人手或是虚拟猫爪）的移动报告了更高的自主感 $(M = 2.46, SD = 0.71)$。从自主感相关问题的结果来看，同步性的主效应 $[F(1, 63) = 17.18, p < 0.001]$ 和模态性的主效应 $[F(1, 63) = 11.67, p = 0.001]$ 均显著。反向计分之后，较之不同步条件下虚拟图像的自主感相关问题 $(M = 2.32, SD = 0.87)$，受试者对同步条件下的虚拟图像报告了更强烈的体验 $(M = 1.38, SD = 1.09)$，无论虚拟图像为人手还是猫爪。同时，无论同步与否，受试者对虚拟猫爪失去自主感的程度 $(M = 2.24, SD = 0.98)$ 也要比对虚拟人手失去自主感的程度 $(M = 1.46, SD = 1.07)$ 要低。同步性和模态性之间的交互作用不显著，$F(1, 63) = 0.351, p = 0.556$。

正如我们所预期的，同步性和模态性的变化对于引发受试者不同的拥有感和自主感的错觉体验是成功的。受试者对虚拟的人手会体验到较之虚拟猫爪更强烈的拥有感；而当真手的移动和虚拟人手的移动同步时，受试者会感受到更强的自主感体验。这一方面说明我们的实验设置能够很好地对拥有感和自主感进行控制；另一方面也说明拥有感和自主感这两类看似密切联系的体验其基础至少不应该是完全重合的，这与之前对于拥有感和自主感之间的可能的分离所进行的研究结果也是一致的[1]。

然而，值得注意的是，我们的实验设置只在虚拟图像为人手的条件下得到了与以往研究一致的结果，即同步性会让受试者将外部对象感受为自

① Kalckert, A. & Ehrsson, H. H. (2012), Moving a Rubber Hand that Feels Like Your Own: A Dissociation of Ownership and Agency, *Frontiers in Human Neuroscience*, 6 (40), pp. 1-14.

己身体的一部分。但是在虚拟图像为猫爪的情况下这种多感官整合的效果并未出现，即这和其他一些研究中所发现的受试者能够将非肉体的外部对象，如虚拟木块、气球等感知为自己身体的一部分的结果并不一致。我们猜测，这可能是实验设计的原因所致。本实验为被试间设计，较之如前一个实验中所采用的被试内设计，尽管拥有感错觉体验不会持续存在至下一个实验阶段，但是对于这些拥有感体验的认知依旧会影响受试者对拥有感感受和判断的预期，从而影响最终的结果。这意味着，一方面，在对被试间设计和被试内设计的研究结果进行比较的时候，我们应该更为保守地看待被试内设计的结果；另一方面，在对拥有感和自主感的可塑性进行分析时，我们也应该更加重视自上而下的认知信念的作用。

2. 实验 1 结果及讨论

实验结束后，我们先对反向计分题进行转换，再将所有 20 个问题的得分进行相加，最后所得到的分值越高意味着焦虑水平越高。我们使用 SPSS 19.0 对测试条件下所获得状态焦虑量表的得分进行了 2×2 的方差分析，两个自变量分别是视觉反馈和发起动作之间的同步性（分同步和不同步两个水平）和虚拟图像的模态（分人手和猫爪两个水平）。同步性的主效应显著，$F_{(1, 95)} = 43.69$，$p < 0.001$，模态性的主效应也显著，$F_{(1, 95)} = 12.69$，$p = 0.001$，并且同步性和模态性两个变量之间的交互作用亦显著，$F_{(1, 95)} = 9.08$，$p = 0.003$。受试者在同步条件下（$M = 47.17$，$SD = 6.43$）表现出了较之不同步条件下（$M = 39.12$，$SD = 6.68$）更高的焦虑水平，对虚拟人手（$M = 45.31$，$SD = 7.89$）表现出了较之虚拟猫爪（$M = 40.98$，$SD = 6.87$）更高的焦虑水平，并且同步性的影响在人手条件下比在猫爪条件下更为明显（结果如图 5.9 所示）。

实验 1 的主要目的是考察我们在预实验条件下所观察到的通过操纵虚拟图像与受试者真手移动之间的同步性以及虚拟图像的模态性而引起的知觉到的拥有感和自主感的变化是否会影响到受试者在执行不同奖惩任务时的焦虑水平的变化。一方面，我们的结果证实执行不同奖惩任务时的焦虑水平会随着受试者对虚拟图像的拥有感和自主感的不同而有所变化：当虚拟图像被知觉为受试者自己身体一部分的时候，即受试者对其产生拥有感错觉时，焦虑水平会更高；同样当虚拟图像被知觉为受试者自己能控制的时候，即受试者对其产生自主感错觉时，焦虑水平也会更高；当虚拟图像既被知觉为自己身体的一部分又被知觉为能为受试者主观意愿控制的时

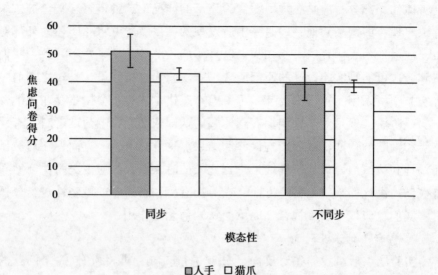

图 5.9　同步性和模态性对焦虑水平的影响

候，即受试者对其既产生拥有感又产生自主感错觉时，此时的焦虑水平是四种不同的条件下最高的。但是另一方面，我们的实验设计并不能使我们直接将威胁和焦虑水平相联系。我们将在实验 2 中对奖励和惩罚任务进行分离，进而对两类不同事件对不同拥有感和自主感条件下的焦虑水平的影响进行进一步的探究。

3. 实验 2 结果及讨论

我们使用 SPSS 19.0 对测试条件下所获得状态焦虑量表的得分进行了 2×2×2 的方差分析，三个自变量分别是视觉反馈和发起动作之间的同步性（分同步和不同步两个水平）、虚拟图像的模态性（分人手和猫爪两个水平）以及任务类型（分为接金币的奖励任务和躲刀子的惩罚任务）。同步性的主效应显著，$F_{(1, 95)} = 45.59$，$p < 0.001$，模态性的主效应也显著，$F_{(1, 95)} = 17.71$，$p < 0.001$。受试者在同步条件下（$M = 45.29$，$SD = 7.96$）表现出了较之不同步条件下（$M = 37.44$，$SD = 6.15$）更高的焦虑水平，对虚拟人手（$M = 43.60$，$SD = 8.42$）表现出了较之虚拟猫爪（$M = 39.13$，$SD = 7.17$）更高的焦虑水平，并且在躲刀子的任务中（$M = 43.81$，$SD = 9.91$）表现出了较之接金币的任务中（$M = 38.92$，$SD = 4.71$）更高的焦虑水平。

同步性和模态性的交互作用显著，$F_{(1, 95)} = 9.60$，$p = 0.003$，任

务类型和模态性的交互作用显著，$F_{(1, 95)} = 8.52$，$p = 0.004$，并且同步性、模态性以及任务类型三者的交互作用也显著，$F_{(1, 95)} = 7.51$，$p = 0.007$。对两类不同任务的进一步的方差分析显示同步性对躲刀子任务中的焦虑水平 $[F_{(1, 47)} = 32.54, p < 0.001]$ 和接金币任务中的焦虑水平 $[F_{(1, 47)} = 13.11, p = 0.001]$ 的影响均显著，而模态性只对躲刀子任务中的焦虑水平影响显著，$F_{(1, 47)} = 15.37$，$p < 0.001$，对接金币任务中的焦虑水平的影响差异并不显著。并且，同步性和模态性的交互作用在接金币任务中对结果产生的差异显著，$F_{(1, 47)} = 5.16$，$p = 0.028$，但在躲刀子任务中对结果产生的差异不显著。对两类任务的 t 检验结果进一步证实，同步人手、同步猫爪、不同步人手以及不同步猫爪四种条件下的其中三种在两类不同任务中的焦虑得分没有显著差异（$p = 0.673$），只有同步人手的条件会使躲刀子任务产生较之接金币任务显著高的焦虑得分 $[t_{(22)} = 8.93, p < 0.001]$。换言之，同步性、模态性以及任务类型这三个因素的交互作用是源于虚拟人手在同步条件下完成接金币任务时相对较低的焦虑水平（结果如图 5.10 所示）。

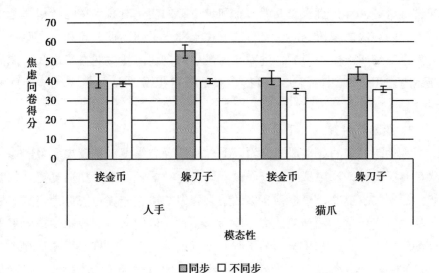

图 5.10　同步性、模态性及任务类型对焦虑水平的影响

综上可知，两类任务对焦虑水平所产生影响的方式是不一样的：在躲刀子的惩罚任务中，同步性所引起的焦虑水平的增加与模态性无关，即无论受试者操纵的虚拟图像是人手还是猫爪，虚拟图像和受试者真手的同步

移动都会在惩罚任务中对焦虑水平产生较之不同步条件下显著的影响。但是尽管如此，受试者依然会在虚拟图像为人手的条件下报告较之虚拟图像为猫爪的条件下更高的焦虑水平。与躲刀子的惩罚任务不同，在接金币的奖励任务中，同步性在虚拟图像为猫爪的条件下有类似的影响，但是对虚拟人手则不会。这一结果也进一步深化了我们对于实验 1 所得结果的认识：拥有感和自主感的程度越高，在执行奖惩任务时的焦虑水平也越高，并且这种焦虑水平的升高主要是源于惩罚任务。

（三）焦虑水平的影响因素

传统的经典橡胶手错觉因其能使人对不属于自己身体的外部客体产生拥有感错觉而成为一种备受研究者青睐的用于对自我问题开展研究的新兴实验范式。通过在经典橡胶手错觉中引入运动因素而形成的橡胶手错觉的变式如移动橡胶手错觉[1]、虚拟手错觉[2]等可以同时对最小自我的两个主要方面拥有感和自主感开展研究。以往对于拥有感和自主感的研究主要关注两类体验之间的差别，或者对两者之间何者更为根本以及相互之间的影响进行研究，鲜少直接研究拥有感和自主感的变化对高水平的情绪体验可能产生的影响。本研究的主要目的就在于考察不同的拥有感和自主感状态对焦虑水平所产生的影响，进而探讨最小的自我与叙事的自我之间可能的联系与作用机制。我们认为根据实验结果可以分别从如下三个方面展开讨论。

1. 模态性对焦虑水平的影响

实验结果表明在虚拟图像为人手时受试者的焦虑水平较之虚拟图像为猫爪时更高，即当虚拟图像与受试者同步运动的身体部分相似度更高的时候焦虑水平也更高。根据预实验的结果我们知道，与虚拟图像为猫爪的情况相比，当受试者看到的虚拟图像为人手时，他们会对虚拟图像产生更大程度的拥有感。结合实验的结果我们可以认为当受试者将虚拟图像视为自己身体一部分的时候会在执行奖惩任务之后产生更高的焦虑水平。然而，

---

[1]　Kalckert, A. & Ehrsson, H. H. (2012), Moving a Rubber Hand That Feels Like Your Own: A Dissociation of Ownership and Agency, *Frontiers in Human Neuroscience*, 6, p. 40.

[2]　Tsakiris, M., Prabhu, G. & Haggard, P. (2006), Having a Body Versus Moving Your Body: How Agency Structures Body-ownership, *Consciousness and Cognition*, 15 (2), pp. 423-432.

尽管如预实验中得到的结果所示，真手和虚拟人手/猫爪之间的相似性不会直接影响到受试者对自主性的觉知，但是通过实验结果我们还是可以看到同步人手的情况要比同步猫爪的情况对焦虑水平产生更大的影响，这说明预先存在的对一个人自己身体的内部表征会影响焦虑体验。这一结果也符合有些研究者认为的自我知觉是多变的感官信息和更为稳定的身体意象之间整合的结果[①]。然而，考虑到尽管虚拟猫爪无法引起受试者对它的拥有感体验，但在同步的条件下猫爪依然会产生较高的自主感，换言之，即便是猫爪也能引起受试者对虚拟图像产生一定程度的共情，因此我们的发现并不支持认为身体自我的知觉仅限于与一个人自己身体部分相似的外部对象的主张。与认为自上而下的因素对自下而上的信息进行审核的观点相反，我们的发现认为自下而上的信息（如同步性所引发的多感官信息的整合）和自上而下的信息（例如一般的对知觉可能性的预期）共同被整合至一个连续的概念框架中从而形成对自我的稳定统一的认识。

2. 同步性对焦虑水平的影响

本实验中我们还发现在真手和虚拟图像的移动为同步的条件下，受试者会产生较高的焦虑水平。我们根据预实验的结果可以知道，当受试者真手的移动和屏幕中的虚拟图像的移动同步时，受试者会对虚拟图像产生强烈的自主感，认为自己能够使其随自己的意愿而动。为此我们认为这一结果表明，当受试者对虚拟图像拥有的自主性越高，其相应的焦虑水平也越高。尽管并不能就此断定自主感和焦虑感之间的因果关系，但是通过同步人手条件下和不同步人手条件下拥有感的程度对比我们可以发现，自主感体验有助于受试者将外部对象感知为自己身体的一部分，因而这一结果至少说明对自主性的知觉和对焦虑水平的体验有一部分是基于相同的信息的。此外，尽管同步人手较之不同步人手的情况，同步猫爪较之不同步猫爪的情况，前者在执行奖惩任务后的焦虑水平都显著高于后者，但是同步性和模态性之间的交互作用显著，即真手和虚拟图像之间的同步移动对于人手的影响要比对猫爪的影响更为明显，这再次说明了同步性所引起的自主感的变化和模态性所引起的拥有感的变化并不是相互独立的，相反，拥

---

① Synofzik, M., Vosgerau, G. & Newen, A. (2008b), I Move, Therefore I Am: A New Theoretical Framework to Investigate Agency and Ownership, *Consciousness and Cognition*, 17 (2), pp. 411-424.

有感和自主感作为最小自我的两个重要方面共同作用于主体在对自我和他者进行识别的过程中，通过影响身体的自我觉知进而对高阶的情感体验产生影响。

3. 任务类型对焦虑水平的影响

为了能够对模态性所引起的拥有感的变化和同步性所引起的自主感的变化共同对焦虑水平的影响进行更深入的分析，我们在实验 2 中分离了两种不同的任务，将躲刀子的惩罚任务和接金币的奖励任务分别分配至不同的实验序列。结果表明，只有在执行含有威胁成分的躲刀子任务之后，焦虑水平才会显著高于其他条件下的焦虑水平，即明显的、系统的焦虑效应仅限于威胁存在的惩罚任务。较之躲刀子任务，接金币条件下所产生的焦虑水平要显著低于总体的焦虑水平。可见，不同拥有感和自主感水平对焦虑感受的影响同时也会受引发焦虑体验的事件本身性质的制约。拥有感和自主感并不能直接影响焦虑水平，实验结果中所表现出来的拥有感和自主感对焦虑体验的影响其根本原因是拥有感和自主感会影响主体对自我和他者之间关系的认知，而不同的自我—他者表征会进而与引发焦虑水平的事件交互作用，最终呈现给我们实验所得到的结果：实验 1 中模态性所引起的拥有感体验对焦虑水平的影响以及同步性所引起的自主感体验对焦虑水平的影响均是由躲刀子任务而不是接金币任务所激发的。

（四）拥有感/自主感之于焦虑的影响对自我问题的意义

1. 拥有感和自主感的分离与交互

预实验的结果表明，无论虚拟图像的移动与真手的移动是否同步，模态性对拥有感的影响差异均显著，同时无论是虚拟图像为人手还是猫爪，同步性对自主感的影响差异也都显著，这一结果说明了拥有感和自主感之间的双向分离是可以通过合理地控制实验条件在正常受试者身上实现的：在没有自主感的情况下拥有感依然可以存在（例如，在虚拟图像和受试者真手的移动不同步但是虚拟图像为人手时），并且在没有拥有感的情况下自主感也可以存在（例如，在虚拟图像为猫爪但是虚拟图像和受试者真手的移动同步时）。伴随着拥有感和自主感的相互分离我们继而会思考的便是两者之间的关系是怎样的以及它们是如何共同服务于有意识的最小自我体验的形成。

对于拥有感和自主感之间的关系，扎克瑞斯及其同事提出了两个可能的模型来假设两者之间的关系：其一是叠加模型（additive model），根据该模型，拥有感和自主感被认为彼此联系密切，控制动作的能力是拥有感的一个非常重要的线索；其二是独立模型（independent model），该模型认为拥有感和自主感在本质上是不同的体验，由不同的输入所触发，并且使用的是不同的大脑网络，没有直接的重叠[①]。来自行为实验的数据支持叠加模型，自主感似乎能促进拥有感，纯粹的拥有感是零碎的，但是自主感能够对拥有感进行调节，即自主体的运动感会将不同身体部分整合到一个连续体中，形成统一的身体觉知[②]。而来自脑成像的实验结果则更支持独立模型，中部皮层结构的激活和感官驱动的身体拥有感有着密切的联系，但是这一区域在自主感条件下并不会被激活。而前辅助运动皮层的激活则与自主感而非拥有感相联系。没有任何证据能够表明两者之间的这一交互过程[③]。我们认为，两类研究结果不一致的原因可能在于实验设计上，由于我们通常都是在有拥有感的情况下体验自主感，因此在行为实验中两类体验的作用可能没有完全被分开。通过我们的研究可以发现，当能够对拥有感和自主感进行恰当的分离后，所得到的结果也与独立模型所提出的假设一致。这一结果也为拥有感和自主感作为最小自我的核心成分共同有助于有意识的身体自我体验的形成提供了证据，对于稳定统一的自我感而言，拥有感和自主感缺一不可。

　　此外，我们还发现两者之间其实是存在交互作用的：模态性和同步性的交互作用对拥有感的影响显著，但对自主感的影响并不显著，说明自主感似乎能增加拥有感的倾向，但是反过来拥有感并不导致自主感。自主感可能会自动地增加拥有感的倾向是比较容易理解的：有自主感通常意味着有拥有感（人们能够知道正在控制的是自己的身体），但是有拥有感并不意味着就有自主感，因为对自主感而言自我发出的动作是必要的，但是对拥有感而言并非如此。拥有感和自主感之间的这种交互作用在某种程度上并不完全拒斥叠加模型。在"自主感的心理过程"中我们介绍过自主感

　　① Tsakiris, M., Longo, M. R. & Haggard, P. (2010), Having a Body Versus Moving Your Body: Neural Signatures of Agency and Body-ownership, *Neuropsychologia*, 48 (9), pp. 2740-2749.

　　② Tsakiris, M., Prabhu, G. & Haggard, P. (2006), Having a Body Versus Moving Your Body: How Agency Structures Body-ownership, *Consciousness and Cognition*, 15 (2), pp. 423-432.

　　③ Tsakiris, M., Longo, M. R. & Haggard, P. (2010), Having a Body Versus Moving Your Body: Neural Signatures of Agency and Body-ownership, *Neuropsychologia*, 48 (9), pp. 2740-2749.

可以分为多种类型，本实验中的发现可以通过自主感的两类不同的定义进行解释：客观的自主感会促进拥有感[1]，但是反之拥有感并不能促进主观的自主感。当然我们还需要更进一步的研究对拥有感和两类不同的自主感之间的交互作用进行澄清。

2. 最小的自我和叙事的自我

加拉格尔将自我划分为最小的自我和叙事的自我，并指出最小的自我其核心成分是拥有感和自主感。最小自我的重要性毋庸置疑，但是毫无疑问，完整的自我感必然既要包含身体层面的自我同时也要包含社会心理层面的自我，有的研究者甚至认为自我的本质在于其社会属性。我们暂且不讨论最小的自我和叙事的自我何者更为重要的问题，但两者缺一不可的观点无论是从常识层面来看还是从理论角度而言都是被普遍认可的。关于拥有感和自主感对执行奖惩任务时主体焦虑水平的影响的研究，一方面能够帮助我们对拥有感和自主感之间的区别与联系进行更好的理解，另一方面也有助于我们理解最小的自我和叙事的自我之间的一些关系。

从实验1的结果我们可以看到，不同的拥有感和自主感水平会对执行奖惩任务时的焦虑水平产生不一样的影响，说明身体层面当下的体验与知觉会对高阶的情感认知产生影响，从而表现出焦虑水平的差异，例如同步人手条件下的焦虑水平是最高的，而不同步猫爪条件下的焦虑水平则是最低的。但是从实验2的结果我们进一步发现，这种最终焦虑水平之间的差异只存在于受试者执行惩罚任务的过程中，说明认知本身反过来也会对不同身体体验时的情感体验产生影响，具体表现在任务类型的不同影响，同步人手躲刀子时的焦虑水平是最高的，而不同步猫爪接金币时的焦虑水平则是最低的。综合两个实验的结果可见最小的自我和叙事的自我之间同样也同时存在自下而上的影响和自上而下的影响。

此外，我们的实验结果也暗示着这样一种假设的可能，即情感很可能是最小的自我和叙事的自我两者共同的关键构成要素[2][3]。实际上，威

---

[1] Ma, k. & Hommel, B. (2015b), The Role of Agency for Perceived Ownership in the Virtual Hand Illusion, *Consciousness and Cognition*, 36, pp. 277-288.

[2] Medford, N. (2012), Emotion and the Unreal Self: Depersonalization Disorder and De-affectualization, *Emotion Review*, 4 (2), pp. 139-144.

[3] A. R. 达马西奥：《感受发生的一切：意识产生中的身体和情绪》，杨韶刚译，教育科学出版社2007年版，第41页。

廉·詹姆斯早在《心理学原理》（*The principle of psychology*）中就表达过类似的观点。他认为，所有类型的自我经验都伴随着相应的情感表征，这是自我之为自我的根本要素。

> 如果一个人某天醒来时再也不能回忆起他以往的任何经历，他不得不重新理解自己的人生经历，或者他只能以冷漠而抽象的方式回忆自己的人生经历，他就会觉得自己是另一个变化了的人。①

在詹姆斯看来，无论是对于当下的身体层面的体验还是对于过去的心理层面的记忆，情感都起到了一种类似"自我标记"的作用。对于"人格解体症"的研究形象地向我们展示了情感对于最小自我和叙事自我的作用。人格解体症患者会表现出与自己的身体失去了联系，对于正常人而言无论我们在行走还是静思，我们总能直接意识到这些体验是属于我的，但人格解体症患者却没有这种拥有感；同时，我们总是能直觉地感受到是我在发出或主导某一个动作，但人格解体症患者则经常会抱怨失去这种行动中的自主感。此外，在叙事自我的层面，人格解体症的病人尽管也能够回忆起自己经历过的一些事情，但是他们无法感受到记忆中事件的个人意义，病人失去了回忆经验的第一人称视角②。这些事实都在一定程度上为情感是理解最小的自我和叙事的自我之间关系的重要因素提供了佐证。当然在较为全面地揭示最小的自我和叙事的自我是如何相互作用之前，我们还需要系统地开展大量的此类研究。即便如此，根据我们围绕拥有感和自主感所进行的讨论和实验，我们依然可以尝试对自我的建构观进行基于最小的自我视角的辩护。

---

① James, W. (1890), *The Principles of Psychology*, New York: Dover, p. 335.

② Baker, D., Hunter, E., Lawrence, E., Medford, N., Patel, M., Senior, C., David, A. S. (2003), Depersonalisation Disorder: Clinical Features of 204 Cases, *The British Journal of Psychiatry*, 182 (5), pp. 428-433.

第六章

自我的建构观

就每一种鲜活的体验而言，它总是作为"我"的体验而得以示现，当我们想要对体验进行表达时，自我总是会作为一个构成成分出现在体验的描述中，并通过"我"看、"我"听、"我"闻等形式表现出来。但对于自我到底是如何存在的问题，笛卡儿那个著名的"我思，故我在"的提法并不能回答这一问题。一般而言，人们常常持有这样一种不言自明的自我观，即自我是独立的、稳固的、单一的极点（pole），我们所有的人格、记忆、规划、期待都凝结于这个连贯的观点上①。这种认为自我是一个稳定的、统一的、在各种条件下都保持不变的实体的感受是如此强烈，以至于笛卡儿的实体自我理论在相当长的一段时间内在欧洲思想界对自我的认识产生了深远的影响。即便是在认知神经科学飞速发展的今天，依然有人不放弃对自我相关脑区的寻找，试图以此来证明真实存在的自我背后有稳定不变的生物学基础。本书通过对最小自我的两个核心成分拥有感和自主感的分析，结合病理学案例中拥有感或自主感的解构以及错觉研究中拥有感或自主感的建构，尝试对当前围绕自我的争论进行一些回应。拥有感和自主感是自我相关问题中非常基础和底层的内容，因此我们认为对实体论、错觉论立场的回应以及对建构论主张的辩护都需要重视基于这两类体验的研究。

一 对实体论的回应

对于"为什么自我似乎是一个连续的自主体和体验的主体"这一问题的回答，尽管笛卡儿式地假设存在一个有别于物理身体的精神实体存在

---

① 李恒威：《认知主体的本性——简述〈具身心智：认知科学和人类经验〉》，《哲学分析》2010年第4期。

的想法已经被彻底地否定了，但是自我的实体论者依然秉持自我是一种事物或实体的理念，不管这一事物或实体是什么、存在于哪里，实体论者认为正是它的存在才使我们成为拥有稳定、连贯、持续自我感的"你"或者"我"。随着认知神经科学与脑成像技术的快速发展，人脑在自我感形成和存在的过程中发挥着重要作用的观点被广泛接受，因此当代的实体自我理论的拥护者最常采用的策略便是尝试将自我与一个特定的脑区或脑过程进行等同。

采用神经成像技术对自我刺激（self-stimulus）所引起的神经活动的研究发现在自我脸部识别、声音识别以及身体识别中存在某些特定脑区的激活。例如，自我脸部识别会激活枕下回（inferior occipital gyrus）、梭状回（fusiform gyrus）以及颞上沟（superior temporal sulcus）中的脸部特征选择区域[1][2]；自我声音识别会激活颞上沟中的部分与听觉相关的系统[3]；而身体的自我识别则会激活加工身体部分的纹状皮层（extrastriate cortex）中加工身体信息的一部分区域[4]。然而大量的关于这些区域功能的研究表明，这些功能区不仅在自我的脸部、声音和身体识别中会被激活，这些区域还负责加工所有关于脸、声音和身体的信息，即便这些需要加工的刺激和自我相去甚远[5][6][7]。这些结果表明上述在自我的脸部、声音以及身体识别过

① Platek, S. M., Wathne, K., Tierney, N. G. & Thomson, J. W. (2008), Neural Correlates of Self-face Recognition: An Effect-location Meta-analysis, *Brain Research*, 1232, pp. 173-184.

② Uddin, L. Q., Kaplan, J. T., Molnar-Szakacs, I., Zaidel, E. & Lacoboni, M. (2005), Self-face Recognition Activates a Frontoparietal "Mirror" Network in the Right Hemisphere: An Event-related FMRI Study, *Neuroimage*, 25 (3), pp. 926-935.

③ Kaplan, J. T., Aziz-Zadeh, L., Uddin, L. Q. & Lacoboni, M. (2008), The Self Across the Senses: An FMRI Study of Self-face and Self-voice Recognition, *Social Cognitive and Affective Neuroscience*, 3 (3), pp. 218-223.

④ Verosky, S. C. & Todorov, A. (2010), Differential Neural Responses to Faces Physically Similar to the Self as a Function of Their Valence, *Neuroimage*, 49 (2), pp. 1690-1698.

⑤ Formisano, E., De Martino, F., Bonte, M. & Goebel, R. (2008), "Who" is Saying "What"? Brain-based Decoding of Human Voice and Speech, *Science*, 322 (5903), pp. 970-973.

⑥ Pitcher, D., Walsh, V. & Duchaine, B. (2011), The Role of the Occipital Face Area in the Cortical Face Perception Network, *Experimental Brain Research*, 209 (4), pp. 481-493.

⑦ Vocks, S., Busch, M., Grönemeyer, D., Schulte, D., Herpertz, S. & Suchan, B. (2010), Differential Neuronal Responses to the Self and Others in the Extrastriate Body Area and the Fusiform Body Area, *Cognitive, Affective & Behavioral Neuroscience*, 10 (3), pp. 422-429.

程中产生激活的区域并不具有特异性。换言之，这些脑区在加工非自我刺激时也会被激活，至今为止研究者尚未发现任何只对自我刺激有所反应的单模态区域的存在。因此，当处理自我刺激时单模态区域中活动的增加可能反映的是自我刺激所引发的震惊，这样的震惊通过感官层级系统被传递至多感官区域，这些震惊需要多模态的自上而下的效应才能得以解释。只不过自我刺激可能会引发较之非自我刺激更多的震惊而已。

通过自我脸部、声音和身体识别的研究结果，一方面我们可以看到不存在特殊的只加工自我刺激的脑区，另一方面我们还发现在一个模态中对一个刺激的自我识别和多感官刺激的自我识别会涉及大脑中的多模态区域的参与。这些多模态区域主要涉及后扣带回（posterior cingulate gyrus）、前扣带回（anterior cingulate gyrus）、额上回（superior frontal gyrus）和副扣带回（paracingulate cortex）的中部、颞顶联合皮层、颞上沟、颞极（temporal pole）、海马体（hippocampus）、前脑岛（anterior insula）、额下回（inferior frontal gyrus）的中部、额中回（middle frontal gyrus）、顶内沟（intraparietal sulcus）以及顶下小叶（inferior parietal lobule）等区域[1][2][3][4]。尽管有些研究者认为这些区域中加工的信息是自我特有的，并且正是其中某些区域中的加工才导致自我概念的产生[5][6]，但是至今为止依然没有直接证据表明这些区域只涉及自我识别，而且实际上这些区域中的每一个都

① Apps, M. A., Green, R. & Ramnani, N. (2013), Reinforcement Learning Signals in the Anterior Cingulate Cortex Code for Others' False Beliefs, *Neuroimage*, 64, pp. 1-9.

② Devue, C. & Brédart, S. (2011), The Neural Correlates of Visual Self-recognition, *Consciousness and Cognition*, 20 (1), pp. 40-51.

③ Pannese, A. & Hirsch, J. (2011), Self-face Enhances Processing of Immediately Preceding Invisible Faces, *Neuropsychologia*, 49 (3), pp. 564-573.

④ Ramasubbu, R., Masalovich, S., Gaxiola, I., Peltier, S., Holtzheimer, P. E., Heim, C., ... Mayberg, H. S. (2011), Differential Neural Activity and Connectivity for Processing One's Own Face: A Preliminary Report, *Psychiatry Research: Neuroimaging*, 194 (2), pp. 130-140.

⑤ Northoff, G., Heinzel, A., De Greck, M., Bermpohl, F., Dobrowolny, H. & Panksepp, J. (2006), Self-referential Processing in Our Brain—a Meta-analysis of Imaging Studies on the Self, *Neuroimage*, 31 (1), pp. 440-457.

⑥ Platek, S. M., Wathne, K., Tierney, N. G. & Thomson, J. W. (2008), Neural Correlates of Self-face Recognition: An Effect-location Meta-analysis, *Brain Research*, 1232, pp. 173-184.

不是只在自我刺激的加工过程中才会被激活①。

　　然而，来自橡胶手错觉及其变式的研究表明，包括颞顶联合皮层、顶内沟、前脑岛和额下回等在内的部分上述脑区在受试者体验橡胶手错觉以及类似的多感官错觉时也会被激活②③，这说明可能存在一些核心脑区各自对于识别自我的不同方面而言至关重要。同时还有证据表明，颞上沟的后部和颞顶联合皮层周围的缘上回部分，与额下回、顶内沟以及前脑岛都有着很强的联系④⑤；颞顶联合皮层加工视觉信息和身体相关信息；顶内沟负责加工关于身体的躯体感官输入的视觉—空间信息；前脑岛负责加工关于身体的情绪、内省和运动信息，并且其中的部分区域和额下回有关联⑥；额下回则负责加工抽象规则和身体之间的映射。这些脑区的特定功能以及相互之间的联系说明这几个区域可能构成了一个核心回路，这一回路会涉及对自我进行识别的过程，同时创造出对身体的拥有感⑦。这也就是为什么自我问题会如此令人着迷，一方面我们似乎都有着一个稳定统一的自我感，但是另一方面我们所能发现的只是一些不断变化的体验与表征。我们在寻找"自我"的道路上尽管新发现不断却始终无法最终很好地解释自我问题的原因可能是我们一直在沿着错误的方向前行。

　　尽管任何体验中自我的存在似乎不容置疑、自我感的体验强烈而持

　　① Legrand, D. & Ruby, P. (2009), What is Self-specific? Theoretical Investigation and Critical Review of Neuroimaging Results, *Psychological Review*, 116 (1), p. 252.

　　② Ehrsson, H. H., Holmes, N. P. & Passingham, R. E. (2005), Touching a Rubber Hand: Feeling of Body Ownership is Associated with Activity in Multisensory Brain Areas, *The Journal of Neuroscience*, 25 (45), pp. 10564-10573.

　　③ Tsakiris, M., Longo, M. R. & Haggard, P. (2010), Having a Body Versus Moving Your Body: Neural Signatures of Agency and Body-ownership, *Neuropsychologia*, 48 (9), pp. 2740-2749.

　　④ Mars, R. B., Sallet, J., Schüffelgen, U., Jbabdi, S., Toni, I. & Rushworth, M. F. (2012), Connectivity-based Subdivisions of the Human Right "Temporoparietal Junction area": Evidence for Different Areas Participating in Different Cortical Networks, *Cerebral Ccortex*, 22 (8), pp. 1894-1903.

　　⑤ Petrides, M. & Pandya, D. N. (2009), Distinct Parietal and Temporal Pathways to the Homologues of Broca's Area in the Monkey, *PLoS Biology*, 7 (8).

　　⑥ Petrides, M. & Pandya, D. N. (2007), Efferent Association Pathways From the Rostral Prefrontal Cortex in the Macaque Monkey, *The Journal of Neuroscience*, 27 (43), pp. 11573-11586.

　　⑦ Apps, M. A. & Tsakiris, M. (2014), The Free-energy Self: A Predictive Coding Account of Self-recognition, *Neuroscience & Biobehavioral Reviews*, 41, pp. 85-97.

久，但是自我可能并不是以某种事物或实体的方式存在，我们对自我的统一的思考或许并不是应该着眼于统一表征和体验，而是应该将其视为行动的统一。英国生物学家罗德尼·科特里尔（Rodney Cotterill）说：

> 我相信像我们这样的复杂的有机体在演化过程中所面对的问题不是统一有意识的体验而是避免破坏自然所提供给我们的统一性……行动的单一性是最终的要求；如果运动反应不是统一的，那么动物在很大程度上就会自身损毁了！①

为此，自我应当被视为一种行动或执行，而不是一种对信息的知觉或接收。当我们试图对"为何自我感持久而统一地存在于不断变化的体验中"进行回答时，我们所要关注的应该是统一的行动反应而无须再对自我的内容为何是统一的做出回答。因为很明显的是，一个单一的有机体，无论是一只阿米巴虫还是一个人，都必须要有统一的行动。正如感官运动理论所强调的，对感觉的感受发生在我们处于行动的过程中；成为有意识的就是操纵外部世界和我们对外部世界可以做的事情之间的可能性②。

一个最为常见的能够说明自我如此运作意义的就是我们不能自己给自己挠痒痒。我们可以想象如果每次我们用手触摸自己的身体时都会认为有人在抚摸或攻击我们，那将会是多么的混乱。我们需要能够且轻而易举地区分自己的运动和他人的运动。伦敦大学学院的布莱克摩尔最早在实验室里对这一有意思的现象进行了研究。她让受试者分别挠自己的掌心和他人的掌心，结果发现只有当受试者所受到的刺激是由他人发起时才会产生痒痒的感觉。FMRI 的结果进一步发现，这种效应可能是来自当受试者自己给自己挠痒痒时，他们初级躯体感官皮层（primary somatosensory cortex）活动的降低③。其他的研究也表明较之会导致身体发生相同感官事件的外部事件，自我生成的动作会导致感官系统中的活动减弱。同样的，看自己

① Cotterill, R. M. J. (1995), On the Unity of Conscious Experience, *Journal of Consciousness Studies*, 2 (4), pp. 290-312.

② O'Regan, J. K. & Noë, A., A Sensorimotor Account of Vision and Visual Consciousness, *Behavioral and Brain Sciences*, 24 (5), pp. 883-917.

③ Blakemore, S. J., Wolpert, D. & Frith, C. (2000), Why Can't You Tickle Yourself? *Neuroreport*, 11 (11), pp. 11-16.

的脸同时感受触觉刺激较之看他人的脸同时感受触觉刺激的情况，前者会降低单模态的感官运动皮层和多感官的额下回的活动①。这些研究共同说明自我刺激起着对另一个模态中的其他感官事件的预测的作用。当一个自我相关刺激导致了一个可预测的感官输入时，单模态皮层和多感官区域中的活动都会受到抑制，这一过程使我们能够对自我发出的刺激和外界发出的刺激做出区别并进行恰当反应。这一过程正如汉弗莱在意识的起源和演化理论中对感官回路的形成所给出的解释一样：

> 感官信息通过传入感官神经到达脑，并且与之前一样，这个主体通过引导一个感官反应回到身体表面而做出反应。但现在我提出，在演化过程中，这些感官反应的目标已经逐步地从真实的身体表面沿着传入感官神经通路内移了。以至于可以说，这里存在一条感官反应的短回路，即一个我称之为"感官回路"的闭合。在这里，反应曾经一路回到刺激点，现在它结束于脑的表面。②

综上所述，我们认为自我首先显然不是有别于物质世界的精神实体，其次自我也不能被简单地还原为某些特定的脑区，我们稳定统一的自我感所需要的是一种能力的保障，它在演化过程中发展起来，起着保证我们在与外界交互作用过程中能够有一个统一的行动反应的作用。那么是否能像自我的错觉论者一样用"有用的虚构"来对自我进行解释呢？

二　对错觉论的回应

自我的错觉论主张有源于经验层面的"自我无法得到经验观察"，也有来自科学层面的"与自我等价的脑区无法在脑中被定位"。对于前者，按照休谟的看法，我们所能体验到的无非是当下不断变化的"知觉"，这些知觉相互之间并没有什么同一性，因此历时的同一的自我也便不会有任

---

① Cardini, F., Costantini, M., Calati, G., Romani, G. L., Ladavas, E. & Serino, A. (2011), Viewing One's Own Face Being Touched Modulates Tactile Perception: A FMRI Study, *Journal of Cognitive Neuroscience*, 23 (3), pp. 503-513.

② N. 汉弗莱：《一个心智的历史：意识的起源和演化》，李恒威、张静译，浙江大学出版社2015年版，第60页。

何经验上的基础。此外，即便我们只是观察当下的经验，我们所能获得的也只是各种具体的知觉而无法找到自我的存在。为此，我们只能拒斥自我的实在性①。对于后者，来自当代认知神经科学的研究发现，尽管与自我相关的皮层结构广泛地分布在大脑中，但是这些结构都不是自我特异性的，并不存在专门的功能区域处理自我相关的刺激。并且自我相关皮层广泛分布在大脑各处的结果似乎更加支持了休谟对自我的怀疑：自我本身并没有什么实在性，它是大脑中分散进程交响乐的副产品②。为此像梅青格尔这样的极端的错觉论者所总结出来的诸如"没有自我这样的事物存在于世界当中，没有人曾经是或拥有过一个自我"的说法似乎也言之有理。然而，需要注意的是，包括休谟、梅青格尔等在内，众多自我的错觉论者似乎始终束缚在一种相当传统的自我定义之中。根据这一定义，自我有一种神秘不变的本质，是一种能够独自存在的独立于过程的存在论实体，换言之，自我与世界的其余部分相隔绝③。梅青格尔通过否认这样一种实体的存在而得出自我这样的事物并不存在的结论。然而，在错觉论者对自我的怀疑中始终存在的一个问题就是，他们都预设了一个相当具体的自我概念，对自我存在性的否定都是基于对这样具体的自我概念进行批判的基础上。但是，这样对自我概念进行假设是否正确呢？

盖伦·斯特劳森（Gallen Strawson）曾对关于自我的讨论进行过总结，列举了20多种的对于自我概念的定义④。此处我们不会详细地讨论不同的自我概念分别所指为何以及它们之间有何异同，我们想要做的是尝试以一种更为恰当的方式对自我进行更好的理解。既然笛卡儿式的自我概念应该被摒弃，而在对这一自我概念进行批判的基础上发展出来的错觉论也有着出发点上的根本缺陷，因此更有建设性的做法应该是彻底放弃笛卡儿的"中心"式的自我概念，从另一个视角来理解自我。

根据前文对最小自我的两个核心成分拥有感和自主感的详细介绍与分析，我们可以看到自我并不是一个全或无的概念，相反自我感是拥有感和自主感共同作用的结果。例如拥有感保证了自我作为身体部分拥有者的体

---

① D. 休谟:《人性论》（上册），关文运译，郑之骧校，商务印书馆1980年版，第282页。

② Gillihan, S. J. & Farah, M. J. (2005), Is Self Special? A Critical Review of Evidence From Experimental Psychology and Cognitive Neuroscience, *Psychological Bulletin*, 131 (1), pp. 76–97.

③ Metzinger, T. (2003a), *Being No One*, Cambridge, Mass: MIT Press, pp. 577, 626.

④ Strawson, G. (1997), The Self, *Journal of Consciousness Studies*, 4 (5/6), pp. 405–428.

验，而自主感则使得自我和他者之间的区别得以实现，但是自我感并不等同于拥有感或自主感或两者的简单相加。自我作为一种过程实在是在拥有感和自主感的产生过程中而存在的。为此，与其固着于自我的实体论和错觉论之间的孰是孰非，采取一种不一样的视角对自我进行另一种思路的理解更为可取。从拥有感和自主感在病理学案例中的解构和它们在错觉研究中的建构，我们可以看到自我理解和自我认识并不是某种一下子被完全给予的东西，而是必须被据为己用，且在不同程度上被获得的东西①。因此自我不应该是如虚无主义者所言并不存在，相反，我们体验的主体和行动的自主体应该是一种事件的相依缘起。更为简单和容易理解的说法是，自我不是一种错觉，当然也不是一个事物或实体，而是一个过程。

　　成为一个人意味着持续地从遗传的、心理的、社会的和文化的情境矩阵中涌现。你既不能被还原为这些情境或其中的某些情境，也不能从这些情境中分离出来。一个人不是一个 DNA 编码，也不是一个心理侧写，更不是社会的和文化的背景，但他同时也不能独立于这些因素而被理解。你是与众不同的，不是因为你拥有一个必要的与他人所拥有的不一样的形而上的品质，而是因为你是从一系列独特的不可重复的情境中涌现出来的。②

自我并非某种自己能够作为体验的对象而被给予的事物，而是（连贯的）体验成为可能的必要条件。我们可以推知它必定存在，但它自己却并不是某种可以被体验的东西。它是一个难以捉摸的原则，一个先决条件，而非一个基点或某种自己被给予的东西。倘若它被给予，那么它将为了某人而被给出，即它将成为一个对象并因而不再是一个自我。正如康德所写到的："很显然，我不能够把那个我为了认识任何对象而必须预设的东西认作对象。"③ 自我的这种过程实在可以通过对最小的自我两个重要方面

---

① D. 扎哈维：《主体性和自身性：对第一人称视角的探究》，蔡文菁译，上海译文出版社 2008 年版，第 132 页。

② Batchelor, S.（2010），*Verses from the Center：A Buddhist Vision of the Sublime*，New York：Riverhead Books，p. 69.

③ D. 扎哈维：《主体性和自身性：对第一人称视角的探究》，蔡文菁译，上海译文出版社 2008 年版，第 131—132 页。

的分析而加以理解。

首先，拥有感和自主感的稳定的存在是保证我们拥有稳定统一的自我感的前提，大量神经成像研究表明拥有感和自主感的产生与某些脑区有着固有的联系，例如来自橡胶手错觉的脑成像研究表明当视觉触觉刺激同时施加在橡胶手和受试者真手上时，腹侧前运动皮层和顶内沟会产生特定的激活，此时受试者主观报告体验到强烈的对橡胶手错觉的拥有感；身体相关的多感官信息的整合会引起顶叶和前运动皮层的激活；对身体拥有感的主观体验则涉及右侧岛叶的作用。同时众多对躯体失认症病人的病理个案分析也发现这些病人的前脑岛、额下回等在橡胶手错觉过程中也会出现相应激活区域的受损①。同样的，围绕自主感的相关研究发现在橡胶手错觉过程中自主感的产生主要得益于辅助运动皮层的正常工作，而来自自主感缺失的病例案例的分析则同样揭示出了相关区域的功能性紊乱。这些都说明自我的存在需要有一定的生理基础。

其次，拥有感和自主感的产生并不是绝对的，总是依赖于一定的条件，这就意味着自我感的出现相应地也应该是一定条件和过程的产物。从橡胶手错觉研究中所揭示出的拥有感和自主感之所以能够从中产生的条件中我们可以看到，最小的自我感得以存在得益于自下而上的多感官信息整合和自上而下的身体内部模型和对运动效果预测的共同作用，尽管看似拥有感和自主感在外部条件的影响下具有极大的可塑性，但是这种可塑性不是在任何情况下都可以无限扩大的，它是受一定的限制条件制约的。

最后，拥有感和自主感总是处于动态的平衡之中，因而自我的产生也应该是在身体与环境的相互作用过程中被建构出来的。我们在橡胶手错觉中所观察到的，对橡胶手拥有感的增加同时会伴随着对自己真实手的拥有感的下降，可见自主体对自身的身体表征是一种概率性的联合过程。即常规而言，一个人自己的身体是最可能属于"我"的，同时其他对象从概率性上而言是比较不可能唤起相同的它们是属于"我"的体验的。但是这一评价过程并不是既定不变的，也就是说，脑会根据新的信息输入不断地进行评估从而维持一种相对的平衡。在橡胶手错觉这种特殊条件下其他

---

① Jenkinson, P. M., Patrick, H., Ferreira, N. C. & Aikaterini, F. (2013), Body Ownership and Attention in the Mirror: Insights From Somatoparaphrenia and the Rubber Hand Illusion, *Neuropsychologia*, 51 (8), pp. 1453-1462.

对象开始变得更像我身体的一部分了，那么我自己原本的身体便会开始变得更不像我身体的一部分。自主感和拥有感的可塑性研究为自我是如何可能被建构的提供了佐证。

尤其需要强调的是，承认自我是一种过程的建构并不等于认同自我的存在或者表现出来似乎有一个稳定统一的自我是一种错觉。诚然，存在很多错觉它们是被建构出来的，但是即便如此也并不必然意味着建构出来的事物就都是错觉。说自我感是一种心理上的建构或者说它是一个永恒的心理和身体建构之下的过程，逻辑上并不必然导致不存在自我或自我感是一种错觉的结论①。下面我将结合本书重点介绍的拥有感和自主感的相关内容，分别从成分的建构、结构的建构以及过程的建构三个方面来谈一谈自我是如何作为一个过程而非实体被建构出来的。

三　对建构观的论证

对于叙事的自我，建构主义的主张显而易见，其核心观点与我们在常识体验中对自我的理解也很吻合：自我的本质在于其社会属性，我们需要从人的社会性存在理解自我，把自我看作个体生命在其社会性存在中建构起来的事物。正如保罗·利科（Paul Ricoeur）所指出的自我问题是"我是谁"的问题，面对这样的问题是，人们的回答必然是讲述一个生命的故事，而这一生命故事又是与他人的生命故事交织在一起共同处于一个由社会历史和共同体授予其意义的更大的结构之中。正是通过对"我是谁"这个问题的叙述，自我才能得以具体化，也正是这种连续的叙述性构造使得生命本身成为一块由讲述的故事编织而成的事物②。然而，即便是社会建构论者也不得不承认的是自我生物层面的实在性也是自我得以形成的一个必要条件，为此我们认为自我的社会建构论可能在一定程度上解释了叙事的自我是如何形成的问题，但是对于更为基础的最小的自我却没能给予足够的重视，我们需要通过另一种建构的思想来理解最小的自我。

---

① Thompson, E. (2014), *Waking, Dreaming, Being: Self and Consciousness in Neuroscience, Meditation and Philosophy*, New York: Columbia University Press, p. 359.

② Ricoeur, P. (1984), *Time and Narrative*, Chicago: University of Chicago Press, p. 246.

（一）成分的建构

拥有感和自主感作为两类能够帮助我们进行有效身体自我识别的基本体验同时也构成了最小的自我的两个核心方面。从我们的日常经历中也不难发现两类体验在帮助我们将自己和他者进行区别的过程中所发挥的作用，以及它们对于我们最基本的自我感形成的重要性。例如，当我们试图对一只因为某些原因而无法直接判断其归属的手做出是否属于我们身体一部分的判断时，一方面我们会观察形状大小是否相似，感受是否一致，例如当有针扎在那只手上时我们是否会感到疼；另一方面我们也许会尝试移动自己的手看看那只手是否也会有相应的移动，这两方面对于我们做出正确判断缺一不可①。可见拥有感和自主感是我们在对自我和他者进行区分时所必不可少的体验，正是拥有感和自主感的共同作用才保证了最终稳定和统一的自我感的形成。然而，即便拥有感和自主感需要共同作用，并且在日常的生活中，在绝大多数情况下，两者都是共同出现且密不可分的，但是它们的相互分离却也是从行为到脑层面都有据可循的。

首先，在日常体验中，主动的动作中拥有感和自主感固然密不可分，当我伸手去拿某个东西的时候，我知道伸出去的手不是别的什么东西，而是属于我身体一部分的手，同时我也知道做出伸手这个动作的原因在于我想伸手，我能够对伸手这个动作进行控制，可以决定继续执行或马上终止这个动作。但是在被动的动作中拥有感和自主感的分离又是显而易见的，当我去医院检查身体的时候，医生可能会抬起我的胳膊，我知道被抬起来的胳膊还是属于我身体一部分的东西，但我不会认为胳膊之所以抬起来是我想要这么做。尽管检查身体的这个例子中，拥有感依旧，但是当事人却不会有任何的自主感。从中我们可以简单地判断，拥有感和自主感在某些条件下可以分离，并且它们至少不应该属于完全相同的机制。

其次，从来自拥有感紊乱和自主感失调的病理学案例的描述和分析中，我们也可以看到这两类基本体验是可以彼此独立的。例如异手症患者，他们对于自己的右手属于自己身体一部分的信念毫发无损，但是对于手所做出的各种荒诞离奇、无法无天的事情他们不仅毫无自主感而且也完

---

① 张静、陈巍、李恒威：《我的身体是"我"的吗？——从橡胶手错觉看自主感和拥有感》，《自然辩证法通讯》2017年第2期。

全没有能力加以控制。甚至在晚上睡觉的时候还需要采取一些强制的措施才能保证那只不受自己控制的手不会发生一些诸如勒住自己脖子等不恰当的行为①。尽管至今似乎还没有拥有感紊乱而自主感毫无损伤的病理学案例，但是拥有感和自主功能的分离在病理学案例中依然是显而易见的。

最后，实证研究的层面上，我们也能够得到更多关于拥有感和自主感可以分离的证据。例如，在我们第五章所介绍的第二个实验中，我们通过对虚拟图像和真手移动的同步性和虚拟图像的模态性进行调节，能够让受试者分别产生有拥有感但是没有自主感的体验以及没有拥有感但是有自主感的体验，可见拥有感和自主感的双向分离是可以在某些条件下实现的（详见"拥有感和自主感可塑性的实验研究"）。并且，对橡胶手错觉过程的脑成像研究的结果也表明，感官驱动的拥有感与中线的皮层结构的激活相联系，但这些区域的激活在自主性条件下并不出现；前辅助运动皮层的激活则与自主感相联系，但是和拥有感却没有关系。可见拥有感和自主感的关系应该用独立模型而非叠加模型描述更为合适②。

综上所述，我们有足够的证据认为作为最小自我的两个基本方面，拥有感和自主感是彼此独立并且在一定的条件下是能够相互分离的。但同时需要注意的是，之所以是拥有感和自主感共同而不是其中之一构成了最小的自我的核心方面，是因为两者之间彼此独立可以相互分离的同时又存在着对于稳定统一的自我感而言不可或缺的共同作用。尽管在日常的被动动作中，两者能够被轻易地分开，但是拥有感和自主感的这种分离实际上会扮演着提醒我们一些异常事件发生的作用。例如，在我们没有主动发出行为的意愿时如果我们的身体发生了移动，我们会根据拥有感和自主感之间的这种不一致快速地寻找原因并做出恰当的反应。如果仅仅是朋友开玩笑推一下，我们可能会一笑置之，但如果是有人骑自行车不小心撞到的，我们可能会快速地躲开以避免更坏的结果发生。此外，也正是由于拥有感和自主感之间的交互作用才保证了我们能够以恰当的方式对某些刺激进行反应。为什么我们不能给自己挠痒痒的问题或

①　Banks, G., Short, P., Martínez, A.J., Latchaw, R., Ratcliff, G. & Boller, F. (1989), The Alien Hand Syndrome: Clinical and Postmortem Findings, *Archives of Neurology*, 46 (4), pp. 456–459.

②　Tsakiris, M., Longo, M.R. & Haggard, P. (2010), Having a Body Versus Moving Your Body: Neural Signatures of Agency and Body-ownership, *Neuropsychologia*, 48 (9), pp. 2740–2749.

许是一个很好的例子。当我们自己挠自己的时候，拥有感和自主感是一致的，而当别人挠我们的时候，拥有感依旧但自主感是不存在的。当两者之间不匹配时有所反应是满足我们的适应性需求的，而当两者之间匹配时做出反应则是会令人诧异的。

另外，拥有感和自主感，任何一个成分的缺失或紊乱都会导致自我感的失调。显然，在我们所描述的几个典型的拥有感紊乱或自主感缺失的案例中，患者的自我感至少从某一程度而言是不完整的（详见第三章），说明我们完整统一能够正确感知自我和他者异同的自我感需要拥有感和自主感的共同作用。此外，实验室通过对正常受试者所开展的研究结果也说明，拥有感和自主感之间的交互作用至关重要。在没有自主感的情况下，拥有感是零碎的、分散的，而在有自主感的条件下，同样的操作却能够让人产生整合的、统一的的拥有感[1]。并且，即便是在拥有感和自主感能够彼此分离的实验中也依然可以看到两者之间的相互影响。例如第五章的第二个实验中所观察到的在执行奖惩任务的过程中，较之自主感不存在的情况，在自主感存在的情况下拥有感对主体最终产生的焦虑水平的影响会更大；反之，较之拥有感不存在的情况，在拥有感存在的情况下自主感对焦虑水平产生的作用也会更明显[2]。拥有感和自主感共同作用的重要性以及可能的相互影响可见一斑。

从日常体验到实证研究，拥有感和自主感彼此独立但同时又共同作用的证据表明，一方面，对最小的自我的研究确实需要对拥有感和自主感进行有效的区分并分别予以重视，因为它们是构成最小的有意识体验的两个重要但又不同的方面；另一方面，这两者缺一不可，甚至可以说正是这两者之间的交互作用才保证了一种以我为主体的稳定统一的自我感的呈现。

（二）结构的建构

对于自我而言，长期以来实体论者视其为单一的、不可分割的某种高

---

[1] Tsakiris, M., Prabhu, G. & Haggard, P. (2006), Having a Body Versus Moving Your Body: How Agency Structures Body-ownership, *Consciousness and Cognition*, 15 (2), pp. 423-432.

[2] Zhang, J. & Hommel, B. (2015), Body Ownership and Response to Threat, *Psychological Research*, pp. 1-10.

级意识性存在，而错觉论者则在发现似乎根本没办法找到这样一种自我之后对它进行了彻底的否定，认为它只是一种错觉。但是随着当代心智哲学和认知科学的交叉研究的深入，越来越多的研究者开始青睐自我是一个层级系统的观点。例如达马西奥从生命演化的视角出发，依托神经科学的研究成果，把自我划分为原始自我、核心自我以及自传体自我三个层次。首先，有机体作为一个单元被映射在自己的脑中，形成原始自我，原始自我是生命有机体表征自身状态的一系列相互联系和暂时一致的神经模式。其次，客体也被映射在脑中，映射在有机体与客体交互作用所激活的感觉和运行结构中。并且，与客体相关的一阶客体映射会导致与有机体相关的一阶原始自我映射发生改变，并且这些一阶映射的变化还可以被其他的二阶映射表征为客体与有机体的关系或者有机体由于客体的影响所产生的一系列变化。原始自我就是在经历上述时间进程后才成为一个具有自我感的核心自我[①]。最后，达马西奥指出，就像乐曲结束之后有些东西还会持续，在核心自我的许多次短暂出现之后，某些痕迹也仍然保留。当某些个人的记录根据需要而在重新建构的表象中数量不等地明显表现出来的时候，这些记录就变成了自传体自我[②]。自我就这样形成了一个从最低级的原始自我到最高级的自传体自我的有层级的结构。

　　除此以外，加拉格尔对自我所做出的最小的自我和叙事的自我的划分包含的也是类似于达马西奥自我理论的层级观点。对于最小的自我和叙事的自我可能的建构和联系方式我们已经进行过一些讨论，此处就不再赘述。就本书所关注的问题而言，我们更想要做的是通过对最小的自我的核心成分拥有感和自主感的分析来更进一步地阐明层级之间的结构是如何被建构出来的。

　　通过对拥有感和自主感的分析我们可以看到，拥有感和自主感各自内部也存在着层级关系，也正是各个层级之间的相互作用才共同促成了稳定、统一的最小自我体验的形成。在"最小的自我"部分的讨论中我们曾对拥有感和自主感各自可能的层级关系进行过介绍，拥有感包括拥有性

---

　　① 李恒威、董达：《演化中的意识机制——达马西奥的意识观》，《哲学研究》2015 年第12 期。

　　② A. R. 达马西奥：《感受发生的一切：意识产生中的身体和情绪》，杨韶刚译，教育科学出版社 2007 年版，第 134 页。

的感受、拥有性的判断和拥有性的元表征，而自主感则包括自主性的感受、自主性的判断和道德责任的归因。两类体验内部三个水平之间分别通过感官驱动的自下而上的机制和预先存在的概率表征的自上而下的机制的共同作用发生联系①。并且在拥有感紊乱和自主感缺失的病理性研究中我们也可以看到拥有感或者自主感的失调会呈现不同的程度，也就是，即便是拥有感发生了紊乱，也不是全或无的形式。可见拥有感和自主感内部确实存在着不同的层级。

预测编码模型（predictive coding model）被认为能够对感官加工的层级结构进行较合理的解释②。根据所加工信息的类型，我们可以将拥有感和自主感每个层级上处理的内容分为自上而下的信息和自下而上的信息，前者反映的是关于事件的感官结果的预测，而后者反映的则是感官事件的影响。在这一层级的最上面是加工感官输入抽象表征的多感官的区域，并且会有两类不同的神经元分别处理这两类不同的信息，表征单元（representational units）负责加工关于即将到来的感官输入的概率表征，而错误单元（error units）则是在预期的感官事件和实际的感官事件不符时对预测错误进行编码③④。在这一层级系统的每个水平内部，在表征单元和错误单元之间都存在着大量的信息交换，从而震惊事件会引起较大的早期反应并且以形成一个后验概率表征的形式局部地更新先验的概率表征。除了局部的变化外，一方面，任何错觉单元中的意想不到的震惊都会沿着层级系统向上被投射到高一级水平的表征单元中。这就导致了震惊事件引起了流向层级系统更高一级的预测错误。另一方面，表征单元也会动态地更新先验预测并且沿着层级系统向下投射至低一级的水平。概言之，根据预测编码模型，概率表征起着对预期自上而下的影响从而消解自下而上的预测

---

① Synofzik, M., Vosgerau, G. & Newen, A. (2008b), I Move, Therefore I Am: A New Theoretical Framework to Investigate Agency and Ownership, *Consciousness and Cognition*, 17 (2), pp. 411-424.

② Clark, A. (2013), Whatever Next? Predictive Brains, Situated Agents and the Future of Cognitive Science, *Behavioral and Brain Sciences*, 36 (03), pp. 181-204.

③ Ibid..

④ Friston, K. (2005), A Theory of Cortical Responses, Philosophical Transactions of the Royal Society of London B: Biological Sciences, 360 (1456), pp. 815-836.

错误，最终使自我以稳定统一的方式得以呈现①。

　　尽管预测编码模型理论尚处于初步形成阶段，我们还需要更多的研究来对它的解释力进行进一步的验证。但是就拥有感和自主感的层级问题而言，预测编码模型所提供的自上而下的表征单元和自下而上的错误单元的共同作用的解释是有其合理性的。并且，预测编码模型中所强调的自上而下的机制和自下而上的机制的共同作用在我们第五章中所介绍的拥有感和自主感对焦虑水平的影响的研究中也有所体现。不同的拥有感和自主感水平会以一种自下而上的方式对最终受试者所体验到的焦虑水平产生影响，同步人手条件下的焦虑水平要显著高于不同步猫爪时的焦虑水平；而不同的任务类型则是以一种自上而下的方式对最终受试者所体验到的焦虑水平产生影响，惩罚任务会让受试者在不同条件下的焦虑水平呈现显著差异，奖励任务则不会产生这样的效应②。可见作为最小自我核心成分的拥有感和自主感能够对高阶的情绪体验产生影响，反之高水平的认知也会对拥有感和自主感的影响进行限制。

（三）过程的建构

　　认为自我是一种建构的主张也有多种不同的表现形式与变化方式。汤普森指出在某些体验中自我感的不存在逻辑上并不必然意味着没有自我感。相反，如果自我是一种建构，那么我们可以预期的是，即便是在它的某些构成过程依然存在的情况下它也还是可以被分离。换言之，倘若自我是一个过程而非一个实体的事物，那么在一定的条件下，它可能被关闭，并且在随后的另外一些条件下它又能够被重启③。从这一逻辑出发，达马西奥所提供的一个身在心不在的神经病理学案例能够生动形象地说明自我是一种建构的可能性。他曾在和一位病人交谈的过程中发现：

　　　　这位男子突然停住不说了，他的脸上失去了生气，他的嘴一动也

①　Apps, M. A. & Tsakiris, M. (2014), The Free-energy Self: A Predictive Coding Account of Self-recognition, *Neuroscience & Biobehavioral Reviews*, 41, pp. 85-97.

②　Zhang, J. & Hommel, B. (2015), Body Ownership and Response to Threat, *Psychological Research*, pp. 1-10.

③　Thompson, E. (2014), *Waking, Dreaming, Being: Self and Consciousness in Neuroscience, Meditation and Philosophy*, New York: Columbia University Press, p. 362.

不动，却仍然张着，他的眼睛茫然若失地盯着我身后墙上的某个点。在好几秒钟的时间里他一直都没有移动。我叫他的名字，但他却没有回答。接着他开始移动了一下，咂了咂嘴，他的眼睛转向我们之间的那张桌子，似乎看见了一杯咖啡和一个小金属花瓶；他一定是看见了，因为他拿起了那个杯子并且把咖啡喝了。我又对他讲话，但他还是没有回答。他触动了一下那个花瓶。我问他想要做什么，他没有回答，他的脸上没有表情，连看都不看我一眼……这种情况什么时候结束呢？现在他转过身来，慢慢地向门口走去。我站起身来又叫了他一声。他停了下来，看了看我，某种表情又回到了他的脸上——他看上去很困惑。我又叫了他一声，他说道，"干嘛？"①

达马西奥说这个病例让他目睹了一个像剃刀一样锋利的转换，一个强烈的对比，看到并体会到一个完全有意识的心智与一种丧失了自我感的心智之间的差别②，同时这个病例也证明了汤普森所指出的"如果自我是一种建构那么它是可以被分离的，是可以在某些条件下被关系随后又被重启"的前提假设是可能的。对于进一步的关于自我建构的过程是如何发生的、自我又是如何以自我感的方式呈现给主体的等问题，汤普森的主张是"自我是一个我持续进行的过程——一个进行着的生成'我'的过程，在这个过程中'我'和这个过程是等同的"③。接下来我们将重新回到拥有感和自主感的问题上，围绕身体自我识别的重要成分拥有感和自主感是如何被建构的来说明最小的自我可能的建构过程。

无论是在对拥有感和自主感本身含义和层级结构的介绍中，还是基于橡胶手/虚拟手错觉所开展的关于拥有感和自主感相关问题的研究中，我们都可以看到感官驱动的自下而上的信息和信念驱动的自上而下的信息的双向交互作用对最终拥有感和自主感形成的重要影响，并且这种双向互动是可以通过自由能量原理得以解释的。在第四章中我们曾对自由能量原理以及它对橡胶手/虚拟手研究结果的解释力进行过详细的介绍（详见"自

---

① A. R. 达马西奥：《感受发生的一切：意识产生中的身体和情绪》，杨韶刚译，教育科学出版社 2007 年版，第 5—6 页。

② 李恒威：《意识：从自我到自我感》，浙江大学出版社 2011 年版，第 58 页。

③ Thompson, E. (2014), *Waking, Dreaming, Being: Self and Consciousness in Neuroscience, Meditation and Philosophy*, New York: Columbia University Press, p. 326.

由能量原理与自我的可塑性"部分）。此处我们将试图在自由能量原理的框架内对自我可能的建构过程进行一些说明。

通过前文的介绍我们知道自由能量原理的一个关键预设是自我组织（self-organizing）的有机体有一种抵制失调的自然倾向，即面对永远不断变化的环境他们会尽可能保持自身原本的状态和形式[1]。有机体通过避免和感官状态关联的震惊来达到保持稳定的目的，而这反过来又会导致一种外部世界对它们而言需要是高度可预测的状态。因此，长远而言，脑为了减少震惊的出现就必须"学会"如何构建一个更好的模型来预测感官输入的结果以期与实际的感官事件之间保持尽可能的一致。同样对于自我而言也是如此，我们要在不断变化的环境中保持一种稳定的自我感同样需要构建一个良好的能够对感官输入进行较好预测的自我模型，此外这一模型在预测错误发生时也要能够进行更新。自由能量框架的一个重要启示是感官信息是被概率性地加工的，为此如果自由能量原理能够合理地解释自我的表征，那么它也应该是概率性的。

自我表征是如何以一种概率性的方式被建构出来的？通过来自橡胶手/虚拟手错觉关于身体自我觉知的研究结果便可见一斑。在看到橡胶手/虚拟手被刷子刷的同时如果在自己的真手上感受到同步的触觉刺激，受试者会对橡胶手/虚拟手产生拥有感。此时，诸如对作用于橡胶手/虚拟手的潜在威胁的反应、对自己真手所处位置的判断等行为测量的结果均说明大脑实际上似乎已经将橡胶手视为自己身体的一部分了[2][3]。与此同时，受试者自己的真手则会以温度降低等方式表现得更不像自己身体的一部分[4]。显然，对于相同的感官输入而言其背后可能的解释或许并不尽相同，大脑需要选择一种最为合理的解释，其选择的标准便是我们需要更加支持一个统一的自我的解释。这种选择往往不是绝对的而是相对的。因为

---

[1]　Friston, K. (2010), The Free-energy Principle: A Unified Brain Theory? *Nature Reviews Neuroscience*, 11 (2), pp. 127-138.

[2]　Blanke, O. (2012), Multisensory Brain Mechanisms of Bodily Self-consciousness, *Nature Reviews Neuroscience*, 13 (8), pp. 556-571.

[3]　Tsakiris, M. (2010), My Body in the Brain: A Neurocognitive Model of Body-ownership, *Neuropsychologia*, 48 (3), pp. 703-712.

[4]　Hohwy, J. & Paton, B. (2010), Explaining Away the Body: Experiences of Supernaturally Caused Touch and Touch on Non-hand Objects Within the Rubber Hand Illusion, *PLoS One*, 5 (2).

自主体最小化自由能量的方式既包括通过知觉的方式改变对模型的预测，也包括选择性地筛选条件来改变什么是可被预测的。

对于前者，我们可以通过著名的双眼竞争现象（binocular rivalry phenomenon）加以解释。在双眼竞争研究中，两类不同的图片会以极快的速度分别呈现给左右两只眼睛。例如，给左眼呈现一张人脸的图片而给右眼呈现一间房子的图片。双眼竞争最后的知觉体验是两个概念之间的不断变换。对此，自由能量原理的解释是由于两个图像之一的生成模型呈现给一只眼睛（例如，一间房子），受试者会形成"我看到了一间房子而不是一张人脸"的概念表征来最小化图片呈现所带来的震惊。然而，当这一认知被体验之后，呈现给另一只眼睛的另一张图片（一张人脸）便是新的震惊，因为它的存在与"我看到了一间房子"的概率表征并不一致。而最小化这一震惊事件的结果便是受试者体验到"我看到了一张人脸而不是一间房子"的认知。如此，两类认知之间的变换便是视觉输入在这两个不同的生成模型之间平衡的函数①。一个刺激被表征为"自我"的不同的生成模型之间的竞争能够为我们在前文所描述的多感官整合错觉中所发生的自我表征的可塑性提供解释。自下而上的低水平层面的多感官信息之间的不匹配所造成的震惊可以通过高水平层面的概率表征的更新得以消解。"消解"意味着通过对关于自我物理特性的生成模型的更新来最小化系统中整体的震惊水平。这就导致了对自我特定特征的一个后验的概率表征的出现，而不需要改变实际的生成模型②。

对于后者，我们则可以通过自上而下的概率表征对输入的感官信息所能造成的影响进行理解。我们在第五章中所介绍的拥有感可塑性的研究，作用在虚拟手上的小球跳动的视觉刺激与施加在真手上的触觉刺激的同时出现会让受试者对呈现在投影屏幕上的虚拟手产生拥有感，但是拥有感的产生只在当虚拟手和真手之间的距离较近时（22 厘米）才会出现。当虚拟手和真手之间的距离增加至 44 厘米时，对于虚拟手的拥有感错觉便会消失，可见对于什么是可被预测的，或者什么样的刺激能够作为震惊事件

---

① Hohwy, J., Roepstorff, A. & Friston, K. (2008), Predictive Coding Explains Binocular Rivalry: An Epistemological Review, *Cognition*, 108 (3), pp. 687-701.

② Limanowski, J. & Blankenburg, F. (2013), Minimal Self-models and the Free Energy Principle, *Frontiers in Human Neuroscience*, 7 (2), pp. 547-547.

而使认知发生改变是会受自上而下的条件制约的。除了真假手之间的距离会对橡胶手/虚拟手错觉研究中的拥有感产生影响外，真手和假手之间纹理的不同、摆放角度的不同以及属性的不同所造成的影响也都说明自上而下的高水平层面的信念表征会对低水平层面的感官信息的加工加以限制。

综上可见，首先，不仅自我作为有别于物质实体的精神实体的存在无法自圆其说，而且将自我还原为某些特定脑区的尝试显然也是失败的。因为对自我神经相关物的寻找并无法证明自我与哪些特定的脑区或脑过程等同，尽管来自神经成像研究的结果表明有一些脑区会在自我识别的过程中被激活，但是至今为止尚未发现任何只对自我刺激有所反应的单模态区域的存在。其次，简单地因为自我不是某一实体而就认为它根本不存在或者视其为错觉的做法似乎也不可行。显然每个正常个体都会有一种稳定而统一的自我感，并且自我感的涌现需要一定的生理基础。并且由于没有找到独立的自我实体就认为自我完全是一种错觉的想法从一开始就预设了自我是某种具体的事物，这显然也是有悖常理的。从基于最小的自我两个核心成分所开展的一系列研究出发，我们认为采用将自我视为过程而非实体的方式更有助于推进我们对于自我的认识。自我，至少最小的自我是一个持续进行的、动态的过程，而不是一个静态的表征。对自我的理解可以分别从成分的建构、结构的建构和过程的建构三方面进行。

第七章

结　语

　　本书从笛卡儿和休谟对自我的研究出发，分别简述两种自我观（即实体论和错觉论，前者认为自我是一种独立、实在的事物，后者认为这种单一、持续且拥有一切体验的自我存在实际上是一种心理错觉），介绍了这两种自我观在当代心智哲学中的延续和发展，并指出了自我的实体论和错觉论所面临的困境：一方面，如果自我是独立、实在的事物，却为何我们从未在经验中找到这种独立、实在之物，而且至今在人脑中也未发现表征这种自我的独立脑区？另一方面，如果自我存在只是一种错觉，却又为何所有正常人要不可避免地产生这种错觉？似乎无论是实体论还是错觉论都无法给出令对方信服的解释方案。为此，有些研究者开始转向建构论的立场。建构论者既不赞同实体论，也不支持错觉论，而是提出这样一种主张，认为自我是一个包含自我指定（self-specifying）、自我标明（self-designating）等层级的系统，自我正是由这些层级系统的分布式的活动过程建构出来的；因此，一方面自我不是某种极点式的（pole）单一、持续的存在物，另一方面，它也不是错觉。

　　尽管我们以之为基础来对自我加以认识的经验总是处于不断变化中，但我们始终（至少对于绝大部分正常人而言）有着一个相对稳定的自我同一性。诚如我们在第三章中所举例说明的，一旦这种稳定性消失，自我的紊乱就会发生，可见稳定性对于自我而言至关重要。身体作为一种有着明确边界、能够将我们与外界进行区分的特殊结构对于表征自我有着重要意义。从生物学角度看，一方面身体的细胞总是处于不断的新陈代谢过程中，表现出与经验一样的不断变化；但是另一方面，身体的结构和功能在相当长的一段时间内会保持不变，表现出与我们具有的自我感一样的稳定性和同一性。认知神经科学的研究表明，我们称之为自我的一部分心智是建立在一系列非意识的神经模式的基础上的，身体状况不仅影响我们对外界客体的认知，同时也会影响我们对内部情绪的感受。"一个人一个身体"——这个原则似乎在人类生活中从没有被违背过。因此，研究身体自我在不断变化中的稳定性就成为理解自我在不断变化中的同一性的窗口。

自我涉及横向的复杂的心理内容和纵向的多层的演化—发展阶段，而通常研究一个复杂事物的最好方式就是从考察它的最简形式开始，因此要理解自我，我们的出发点是最小自我。换言之，本书遵循加拉格尔所提出的这个基本原则——"即便在所有自我的不必要的特征都被剥离之后，我们仍然拥有一种直觉，即存在一个我们愿意将其称为'自我'的基本或原始的'某物'"。因此，我们的研究聚焦于最小自我（或者更为确切地讲，最小身体自我）以及围绕最小自我的两个核心成分拥有感和自主感。

拥有感和自主感作为两种基本的体验，在人类有意识的体验中共同发挥作用，进而帮助我们进行自我表征和自我识别。然而拥有感和自主感本身又各自拥有不同的层级，无论是拥有感和自主感都是在感官动作—效果耦合的感官登记的基础上、在与外界的相互作用过程中被建构出来的。我们试图通过对拥有感和自主感所构成的最小有意识自我在病理学中的解构和错觉研究中的建构来对自我的建构论做出辩护。

对于自我问题的研究和探讨，来自病理学的自我失调的案例为我们提供了宝贵的现象层面的证据，同时也能够很好地从自我的解构角度启发了我们思考自我的认知神经机制。在第二章对相关概念进行界定的基础上，本书第三章重点围绕自我感的两个核心成分拥有感和自主感的失调而展开。我们分别介绍了典型的拥有感紊乱（异肢现象、躯体失认症以及躯体妄想症）和自主感缺失的神经病理学案例（精神分裂症和异手症），并对其各自的可能原因和神经认知机制进行了解释。在对这些案例进行介绍、描述和分析的基础上，我们还进一步就这些病理学案例对自我问题的意义进行了概括和总结。病理学上特殊现象的研究对自我层级理论提供的进一步佐证是：统一的自我感在成分上可以被解构为拥有感和自主感；在结构上可以被解构为三个层次：非概念感受、概念性判断水平以及元表征的认知归因水平；在层级上可以被解构为最小自我和叙事自我。此外，这些特殊的病理学现象也有助于我们管窥心智与脑的关系：稳定而统一的自我感离不开脑的各部分的协同合作，最为直观的现象便是自我感的紊乱正是源于大脑某些区域的受损。然而这也并不意味着我们能够找到与自我相对应的边界清晰的脑结构。稳定而统一的自我感通常是以非意识的神经活动为基础，它是由脑中各成分的协同合作以及与外界环境的互动而不断地被建构出来的。

　　尽管当前对于错综复杂的拥有感和自主感紊乱的不同表现形式的解释依然存在争议，并且针对不同模型的解释力，不同的研究者也各执一词，但是在这些病理学案例中，患者所表现出来的拥有感和自主感的紊乱和缺失至少一方面说明了拥有感和自主感对于我们有效识别自己、形成一个统一的自我感的重要性，另一方面也说明了自我在一定条件下的可解构性。这两点对我们基于病理学案例来研究自我本性而言是至关重要的。

　　与病理学案例的视角相反，错觉研究为我们提供了更多的基于自我建构视角的实验证据。近年来最引人注目的研究范式便是橡胶手/虚拟手错觉。橡胶手/虚拟手错觉是一种可以让人对非自己身体一部分的外部对象产生拥有感的实验范式，基于这一范式已涌现了大量与自我相关的问题的研究。我们可以通过橡胶手错觉及其变式所揭示出来的拥有感和自主感的可塑性来理解自我的建构特征，并且拥有感和自主感的心理过程和认知神经过程能够被自上而下的加工机制和自下而上的加工机制的各自交互作用的影响所解释。通过将这种双向作用的解释机制纳入一个更系统和更全面的框架，我们认为自由能量原理作为当前的一个新兴的理论能够通过橡胶手错觉的研究结果来说明自我表征的可塑性和自我的建构过程。尽管这一理论尚处于发展初期，人们对其是否真正具有全面解释力的质疑也依然存在，但是自由能量原理为我们提供了一个跨学科的框架，在这个基础上我们能够进一步设计新的实验来对自我的建构问题进行更深入细致的实证研究。

　　本书设计了两个实验分别对拥有感的可塑性以及拥有感和自主感的可塑性对焦虑水平的影响进行研究。尽管橡胶手/虚拟手错觉研究成果不断涌现，但在橡胶手/虚拟手错觉的研究中，空间因素对拥有感的作用的探讨依然相对较少。尽管有少数关于真假手之间的距离对拥有感体验的影响的研究，但是不同的研究结果之间结论不一致甚至大相径庭的现象一直存在。基于虚拟现实技术，我们试图通过研究绝对距离和呈现顺序所导致的相对距离对拥有感错觉体验程度的影响来探讨其对身体自我表征的影响，尤其是对以往自我表征问题研究中备受关注的身体意象是否可塑进行探讨。根据研究结果我们认为，自我和他者的表征存在着不稳定性，身体意象可能尽管存在并且作为一种稳定的内部表征在拥有感体验中发挥作用，但是呈现顺序所导致的相对距离对拥有感错觉的影响也说明影响拥有感体验的因素似乎并不是那么稳定，暗示着身体意象可能存在的可塑性。身体意象的表征作用和感官系统输入信息之间的联合所产生的动态的评价过程正是脑最终"学会"建构一个良好的稳定模型来预测感官输入结果的基础。因此我们认为正是身体意象的这种可塑性在维系着"自我"的稳定和统一从而避免"自我"瓦解或混乱。

然而，即便拥有感作为最小的有意识身体体验的基本成分之一，其重要性不言而喻，但是单独的拥有感显然不足以构成完整的最小自我的体验，因为自主感还没有被全面研究。此外，我们还希望研究这两类基本体验对高阶认知可能产生的影响，从而更好地分析自我不同成分之间的相互作用。我们通过拥有感和自主感对焦虑的影响来探讨我们关注的上述问题。这一研究是由三个分实验完成的，它们分别探讨了：拥有感和自主感的可塑性；不同拥有感和自主感状态对焦虑水平的影响；任务类型在拥有感和自主感影响焦虑水平过程中的作用。根据研究结果我们认为，一方面，拥有感与自主感是彼此相对独立的，在一定条件下两者是可以进行双向分离的；另一方面，拥有感与自主感之间也是存在交互作用的，自主感能够促进拥有感，但反之拥有感并不能促进自主感。此外，根据研究结果我们还可以超越拥有感和自主感作为最小自我核心成分的作用，进一步对最小的自我和叙事的自我之间的关系进行一些探讨：不同的拥有感和自主感体验以及不同的任务类型都会对最终所测量的焦虑水平产生不一样的影响，这说明最小自我和叙事自我之间应该同时存在自下而上的影响和自上而下的影响。并且最小自我和叙事自我之间很有可能是通过情感这一关键构成要素而产生更进一步联系的。

通过从理论到病理学案例再到实验室研究的这样一个过程，我们可以对当前的自我理论做出如下的总结与回应。

自我的实体理论主张自我是一个稳定、统一、在各种条件下都保持不变的实体，正是这样的一种存在保证了我们在不断变化的环境中始终有一种不变的我的感觉。然而，至今为止，我们既未找到这样的无论是物质的实体还是心智的实体，抑或是与之相对应的脑中的特别脑区。在认知神经科学领域，由于未找到自我的明确的神经相关物因此使得一些研究者开始青睐自我的错觉论。错觉论在否定实体论主张的同时也彻底否定了自我的存在，认为它完全是一种虚构，自我的各种问题本质上都是"伪问题"。

但是，既然自我是一种错觉，为什么每个主体都不可避免的会产生这种错觉，并且还会在相对较长的时间里拥有这一稳定、统一的错觉？

我们认为简单地假设或者否认自我的存在显然都无法圆满解决这一问题。我们对自我问题的探讨更倾向于建构论者的主张，即自我既不是某种实体或事物，也不是一种幻觉或虚无，自我是一种过程，历时、稳定、统一的自我感正是在这样一个过程中被建构起来的。我们认为可以分别从成分、结构和过程这三个方面对最小自我的建构论立场做出辩护。

首先，就成分而言，最小自我是由拥有感和自主感两个部分构成，这两部分一方面相互独立，表现为可以在一定条件下彼此分开，但是另一方面这两部分又彼此密切联系相互影响，正是两者之间的共同作用才使最小自我以一种稳定整合的方式得以呈现。其次，就结构而言，拥有感和自主感各自包含前反思的层面、判断的层面和元认知的层面，每种基本感受的内部层级之间通过自下而上的感官驱动和自上而下的信念驱动两套机制的相互配合共同作用才保证了拥有感和自主感的最终呈现。最后，就过程而言，拥有感和自主感的形成遵循自由能量原理，对自我的表征和识别是一个将身体的单模态特征与来自其他感官系统的关于身体的信息进行联合的过程。这种联合是概率性的，脑就是在不断地消解震惊和更新可能性表征的过程中建构起一个自我，并将其以稳定和统一的自我感的形式呈现于我们每个人的有意识的体验之中。

围绕拥有感和自主感这两类能够帮助我们进行有效自我识别的基本体验，本书尝试对自我的建构论主张进行基于最小自我视角的辩护。自我问题作为当前跨学科研究的热点问题，除了传统哲学所采用的思辨方法还涉及很多源于神经科学和认知科学以及神经病理学领域的实证研究的方法。本书研究特色之一就在于通过学科交叉，将来自不同学科的发现进行有机结合。一方面，通过来自神经科学、认知科学以及神经病理学围绕自我问题所取得的结果，我们说明了拥有感和自主感是如何在自我的建构和稳定统一的自我感形成过程中发挥作用的；另一方面我们通过将橡胶手/虚拟手错觉这一认知科学的实验方法应用于对自我问题的研究，得到了一些以往同类研究中未曾探讨和发现的结果，并能够以此来为自我的建构论主张提供基于最小自我视角的实验证据。遗憾的是，本书未能对自我的另一个重要方面叙事自我有更多的涉猎，尽管较之叙事的自我，最小自我是基础也更为根本，但是一个完整的自我理论应该能够同时对最小自我和叙事自我进行圆满的解释，因此未来的研究需要同时兼顾这两方面的探讨。

当代心智哲学中自我的建构论主张产生于实体论和错觉论僵持不下的背景之下。对建构论主张的辩护有基于佛教中观论思想的，有基于认为自我的本质在于其社会属性的社会建构论立场的，当然也有本书所选用的基于认知科学实证研究视角的。尽管这一主张似乎能够解释部分单独的实体论或错觉论无法自圆其说的现象，但是总体而言，自我的建构论主张仍处于发展阶段。理论体系尚未形成，相关研究零碎且缺乏统一的框架，这就导致了采用科学的方法对建构论进行研究和辩护还不稳固，因为暂时还没能有一个可以引导实证研究对其进行检验的完整的假设。因此，在这一研究框架下，一方面由于当前的很多实验结果都只能作为自我建构论主张的佐证而无法成为其充分条件，所以仍有许多细节研究有待补充；而更重要的另一方面是我们亟须从心智哲学的角度出发对各种自我建构论的研究进行统一和规范，形成一个跨学科的理论框架，从而为自我的建构论主张的进一步研究和发展奠定基础。

参考文献

英文文献：

1. Akkal, D., Dum, R. P. & Strick, P. L. （2007）, Supplementary Motor Area and Presupplementary Motor Area: Targets of Basal Ganglia and Cerebellar Output, *The Journal of Neuroscience*, 27 （40）, pp. 10659-10673.

2. Angier, N.(2010), Abstract Thoughts? The Body Takes Them Literally, *The New York Times*, 159, p. 54.

3. Apps, M. A., Green, R. & Ramnani, N. （2013）, Reinforcement Learning Signals in the Anterior Cingulate Cortex Code for Others' False Beliefs, *Neuroimage*, 64, pp. 1-9.

4. Apps, M. A. & Tsakiris, M. （2014）, The Free-energy Self: A Predictive Coding Account of Self-recognition. *Neuroscience & Biobehavioral Reviews*, 41, pp. 85-97.

5. Armel, K. C. & Ramachandran, V. S. （2003）, Projecting Sensations to External Objects: Evidence From Skin Conductance Response. *Proceedings of the Royal Society of London B: Biological Sciences*, 270 （1523）, pp. 1499-1506.

6. Baier, B. & Karnath, H. O. （2008）, Tight Link Between Our Sense of Limb Ownership and Self-awareness of Actions, *Stroke*, 39 （2）, pp. 486-488.

7. Baker, D., Hunter, E., Lawrence, E., Medford, N., Patel, M., Senior, C., David, A. S. （2003）, Depersonalisation Disorder: Clinical Features of 204 Cases. *The British Journal of Psychiatry*, 182 （5）, pp. 428-433.

8. Banks, G., Short, P., Martínez, A. J., Latchaw, R., Ratcliff, G.

& Boller, F. (1989), The Alien Hand Syndrome: Clinical and Postmortem Findings, *Archives of Neurology*, 46 (4), pp. 456-459.

9. Batchelor, S. (2010), *Verses from the Center: A Buddhist Vision of the Sublime*. New York: Riverhead Books.

10. Bays, P. M. & Wolpert, D. M. (2006), Actions and Consequences in Bimanual Interaction are Represented in Different Coordinate Systems. *The Journal of Neuroscience*, 26 (26), pp. 7121-7126.

11. Bekrater-Bodmann, R., Foell, J., Diers, M. & Flor, H. (2012), The Perceptual and Neuronal Stability of the Rubber Hand Illusion Across Contexts and Over Time. *Brain Research*, 1452, pp. 130-139.

12. Bisiach, E. & Geminiani, G. (1991), Anosognosia Related to Hemiplegia and Hemianopia, In G. P. Prigatano & D. L. Schacter (Eds.), *Awareness of Deficit after Brain Injury*, New York: Oxford University Press, pp. 17-39.

13. Björnsdotter, M., Löken, L., Olausson, H., Vallbo, A. & Wessberg, J. (2009), Somatotopic Organization of Gentle Touch Processing in the Posterior Insular Cortex. *The Journal of Neuroscience*, 29 (29), pp. 9314-9320.

14. Blackmore, S. (2004), *Consciousness: An Introduction*, New York: Oxford University Press.

15. Blakemore, S. J. & Frith, C. (2003), Self-awareness and Action. *Current Opinion in Neurobiology*, 13 (2), pp. 219-224.

16. Blakemore, S. J., Frith, C. D. & Wolpert, D. M. (2001), The Cerebellum is Involved in Predicting the Sensory Consequences of Action, *Neuroreport*, 12 (9), pp. 1879-1884.

17. Blakemore, S. J., Wolpert, D. & Frith, C. (2000), Why Can't You Tickle Yourself? *Neuroreport*, 11 (11), pp. 11-16.

18. Blakemore, S. J., Wolpert, D. M. & Frith, C. D. (2002), Abnormalities In the Awareness of Action, *Trends in Cognitive Sciences*, 6 (6), pp. 237-242.

19. Blakemore, S. J. & Sirigu, A. (2003), Action Prediction in the Cerebellum and in the Parietal Lobe. *Experimental Brain Research*, 153 (2), pp.

239-245.

20. Blanke, O. (2012), Multisensory Brain Mechanisms of Bodily Self-consciousness. *Nature Reviews Neuroscience*, 13 (8), pp. 556-571.

21. Bottini, G., Bisiach, E., Sterzi, R. & Vallarc, G. (2002), Feeling Touches in Someone Else's Hand, *Neuroreport*, 13 (2), pp. 249-252.

22. Botvinick, M. & Cohen, J. (1998), Rubber Hands "feel" Touch that Eyes See, *Nature*, 391 (6669), pp. 756-756.

23. Brédart, S. (2004), Cross-modal Facilitation is Not Specific to Self-face Recognition. *Consciousness and Cognition*, 13 (3), pp. 610-612.

24. Bremmer, F., Schlack, A., Shah, N. J., Zafiris, O., Kubischik, M., Hoffmann, K. -P.,... Fink, G. R. (2001), Polymodal Motion Processing in Posterior Parietal and Premotor Cortex: A Human FMRI Study Strongly Implies Equivalencies Between Humans and Monkeys. *Neuron*, 29 (1), pp. 287-296.

25. Brozzoli, C., Gentile, G., Petkova, V. I. & Ehrsson, H. H. (2011), FMRI Adaptation Reveals a Cortical Mechanism for the Coding of Space Near the Hand. *The Journal of Neuroscience*, 31 (24), pp. 9023-9031.

26. Brozzoli, C., Gentile, G. & Ehrsson, H. H. (2012), That's Near My Hand! Parietaland Premotor Coding of Hand-centered Space Contributes to Localization and Self-attribution of the Hand. *The Journal of Neuroscience*, 32 (42), pp. 14573-14582.

27. Buxbaum, L. J. & Coslett, H. B. (2001), Specialised Structural Descriptions for Human Body Parts: Evidence From Autotopagnosia. *Cognitive Neuropsychology*, 18, pp. 289-306.

28. Cardini, F., Costantini, M., Calati, G., Romani, G. L., Ladavas, E. & Serino, A. (2011), Viewing One's own Face Being Touched Modulates Tactile Perception: An FMRI Study. *Journal of Cognitive Neuroscience*, 23 (3), pp. 503-513.

29. Cassam, Q. (2011), The Embodied Self, In S. Gallagher (Eds.), *The Oxford Handbook of the Self*, New York: Oxford University Press, pp. 139-156.

30. Cereda, C., Ghika, J., Maeder, P. & Bogousslavsky, J. (2002),

Strokes Restricted to the Insular Cortex, *Neurology*, 59 (12), pp. 1950-1955.

31. Chaminade, T. & Decety, J. (2002), Leader or Follower? Involvement of the Inferior Parietal Lobule in Agency. *Neuroreport*, 13, pp. 1975-1978.

32. Christian, K. & Perrett, D. I. (2004), Demystifying Social Cognition: a Hebbian Perspective. *Trends in Cognitive Sciences*, 8 (11), pp. 501-507.

33. Christoff, K., Cosmelli, D., Legrand, D. & Thompson, E. (2011), Specifying the Self for Cognitive Neuroscience, *Trends in Cognitive Sciences*, 15 (3), pp. 104-112.

34. Clark, A. (2013), Whatever Next? Predictive Brains, Situated Agents and the Future of Cognitive Science. *Behavioral and Brain Sciences*, 36 (03), pp. 181-204.

35. Costantini, M. & Haggard, P. (2007), The Rubber Hand Illusion: Sensitivity and Reference Frame for Body Ownership. *Consciousness and Cognition*, 16 (2), pp. 229-240.

36. Cotterill, R. M. J. (1995), On the Unity of Conscious Experience. *Journal of Consciousness Studies*, 2 (4), pp. 290-312.

37. Craig, A. D. (2002), How do you Feel? Interoception: The Sense of the Physiological Condition of the Body. *Nature Reviews Neuroscience*, 3, pp. 655-666.

38. Craig, A. (2003), Interoception: The Sense of the Physiological Condition of the Body. *Current Opinion in Neurobiology*, 13 (4), pp. 500-505.

39. Craig, A. D. (2009), How do You Feel Now? The Anterior Insula and Human Awareness. *Nature Reviews Neuroscience*, 10, pp. 59-70.

40. Crapse, T. B. & Sommer, M. A. (2008), Corollary Discharge Across the Animal Kingdom, *Nature Review Neuroscience*, 9, pp. 587-600.

41. Critchley, H. D., Wiens, S., Rotshtein, P., Öhman, A. & Dolan, R. J. (2004), Neural Systems Supporting Interoceptive Awareness. *Nature Neuroscience*, 7 (2), pp. 189-195.

42. Cunnington, R., Windischberger, C., Deecke, L. & Moser, E. (2002), The Preparation and Execution of Self-initiated Andexternally-triggered

Movement: A Study of Event-related FMRI. *Neuroimage*, 15 (2), pp. 373–385.

43. Damasio, A. (2008), *Descartes' Error: Emotion, Reason and the Human Brain*, New York: Random House.

44. Daprati, E., Franck, N., Georgieff, N., Proust, J., Pacherie, E., Dalery, J. & Jeannerod, M. (1997), Looking for the Agent: An Investigation Into Consciousness of Action and Self-consciousness in Schizophrenic Patients. *Cognition*, 65 (1), pp. 71–86.

45. Dannett, D. C. (1992), The Self as the Center of Narrative Gravity, In F. S. Kessel, P. M. Cole & D. L. Johnson (Eds.), *Self and Consciousness: Multiple Perspectives*, Hillsdale, N. J.: Lawrence Erlbaum, pp. 103–115.

46. David, N. (2010), Functional Anatomy of the Sense of Agency: Past Evidence and Future Directions. In M. Balconi (Eds.), *Neuropsychology of the Sense of Agency*, Heidelberg: Springer, pp. 69–80.

47. David, N. (2012), New Frontiers in the Neuroscience of the Sense of Agency. *Frontiers in Human Neuroscience*, 6 (161).

48. Decety, J. & Lamm, C. (2007), The Role of the Right Temporoparietal Junction in Social Interaction: How Low-level Computational Processes Contribute to Metacognition. *The Neuroscientist: A Review Journal Bringing Neurobiology, Neurology and Psychiatry*, 13, pp. 580–593.

49. Della Sala, S., Marchetti, C. & Spinnler, H. (1991), Right-sided Anarchic (alien) Hand: a Longitudinal Study, *Neuropsychologia*, 29 (11), pp. 1113–1127.

50. De Vignemont, F. (2010), Body Schema and Body Image—Pros and Cons. *Neuropsychologia*, 48 (3), pp. 669–680.

51. De Vignemont, F. (2011), Embodiment, Ownership and Disownership. *Consciousness and Cognition*, 20 (1), pp. 82–93.

52. Devue, C. & Brédart, S. (2011), The Neural Correlates of Visual Self-recognition. *Consciousness and Cognition*, 20 (1), pp. 40–51.

53. Descartes, R. (1985), *The Philosophical Writings of Descartes (Volumes 2)*. Cambridge: Cambridge University Press.

54. Dijkerman, H. C. & de Haan, E. H. (2007), Somatosensory Processes Subservingperception and Action. *Behavioural Brain Science*, 30, pp. 189-201.

55. Ebner, T. J. & Pasalar, S. (2008), Cerebellum Predicts the Future Motor State. *The Cerebellum*, 7 (4), pp. 583-588.

56. Ehrsson, H. H. (2007), The Experimental Induction of Out-of-body Experiences. *Science*, 317 (5841), pp. 1048-1048.

57. Ehrsson, H. H., Holmes, N. P. & Passingham, R. E. (2005), Touching a Rubber Hand: Feeling of Body Ownership is Associated With Activity in Multisensory Brain Areas. *The Journal of Neuroscience*, 25 (45), pp. 10564-10573.

58. Ehrsson, H. H., Spence, C. & Passingham, R. E. (2004), That's my Hand! Activity in Premotor Cortex Reflects Feeling of Ownership of a Limb. *Science*, 305 (5685), pp. 875-877.

59. Ehrsson, H. H., Wiech, K., Weiskopf, N., Dolan, R. J. & Passingham, R. E. (2007), Threatening a Rubber Hand That you Feel is Yours Elicits a Cortical Anxiety Response. *Proceedings of the National Academy of Sciences*, 104 (23), pp. 9828-9833.

60. Farmer, H., Tajadura-Jiménez, A. & Tsakiris, M. (2012), Beyond the Colour of my Skin: How Skin Colour Affects the Sense of Body-ownership. *Consciousness and Cognition*, 21 (3), pp. 1242-1256.

61. Farrer, C., Bouchereau, M., Jeannerod, M. & Franck, N. (2008), Effect of Distorted Visual Feedback on the Sense of Agency. *Behavioural Neurology*, 19 (1, 2), pp. 53-57.

62. Farrer, C., Franck, N., Georgieff, N., Frith, C. D., Decety, J. & Jeannerod, M. (2003), Modulating the Experience of Agency: a Positron Emission Tomographystudy. *Neuroimage*, 18 (2), pp. 324-333.

63. Farrer, C., Franck, N., Paillard, J. & Jeannerod, M. (2003), The Role of Proprioception in Action Recognition, *Consciousness and Cognition*, 12 (4), pp. 609-619.

64. Farrer, C. & Frith, C. D. (2002), Experiencing Oneself vs Another Person as Being the Cause of an Action: The Neural Correlates of the Experience

of Agency. *Neuroimage*, 15 (3), pp. 596-603.

65. Farrer, C., Valentin, G. & Hupé, J. (2013), The Time Windows of the Sense of Agency. *Consciousness and Cognition*, 22 (4), pp. 1431-1441.

66. Feinberg, I. (1978), Efference Copy and Corollary Discharge: Implications for Thinking and Its Disorders, *Schizophrenia Bulletin*, 4 (4), p. 636.

67. Folegatti, A., Farne, A., Salemme, R. & De Vignemont, F. (2012), The Rubber Hand Illusion: Two'sa Company, but Three'sa Crowd. *Consciousness and Cognition*, 21 (2), pp. 799-812.

68. Formisano, E., De Martino, F., Bonte, M. & Goebel, R. (2008), "Who" Is Saying "What"? Brain-Based Decoding of Human Voice and Speech. *Science*, 322 (5903), pp. 970-973.

69. Fotopoulou, A., Jenkinson, P. M., Tsakiris, M., Haggard, P., Rudd, A. & Kopelman, M. D. (2011), Mirror-view Reverses Somatoparaphrenia: Dissociation between First-and Third-person Perspectives on Body Ownership, *Neuropsychologia*, 49 (14), pp. 3946-3955.

70. Fourneret, P. & Jeannerod, M. (1998), Limited Conscious Monitoring of Motor Performance in Normal Subjects. *Neuropsychologia*, 36 (11), pp. 1133-1140.

71. Fourneret, P., Paillard, J., Lamarre, Y., Cole, J. & Jeannerod, M. (2002), Lack of Conscious Recognition Ofone's own Actions in a Haptically Deafferented Patient. *Neuroreport*, 13 (4), pp. 541-547.

72. Franck, N., Farrer, C., Georgieff, N., Marie-Cardine, M., Daléry, J., d'Amato, T. & Jeannerod, M. (2001), Defective Recognition of One's Own Actions in Patients With Schizophrenia. *American Journal of Psychiatry*, 158 (3), pp. 454-459.

73. Franklin, D. W. & Wolpert, D. M. (2011), Computational Mechanisms of Sensorimotor Control, *Neuron*, 72 (3), pp. 425-442.

74. Friston, K. (2005), A Theory of Cortical Responses. Philosophical Transactions of the Royal Society B: Biological Sciences, 360 (1456), pp. 815-836.

75. Friston, K. (2010), The Free-energy Principle: A Unified Brain Theory? *Nature Reviews Neuroscience*, 11 (2), pp. 127-138.

76. Frith, C. (2005), The Self in Action: Lessons from Delusions of Control, *Consciousness and Cognition*, 14 (4), pp. 752–770.

77. Frith, C. D. & Done, D. J. (1988), Towards a Neuropsychology of Schizophrenia, *The British Journal of Psychiatry*, 153 (4), pp. 437–443.

78. Frith, C. D. & Wolpert, D. M. (2000), Abnormalities in the Awareness and Control of Action. *Philosophical Transactions of the Royal Society of London B: Biological Sciences*, 355 (1404), pp. 1771–1788.

79. Gallagher, S. (2000), Philosophical Conceptions of the Self: Implications for Cognitive Science, *Trends in Cognitive Sciences*, 4 (1), pp. 14–21.

80. Gallagher, S. (2005), *How the Body Shapes the Mind*, New York: Oxford University Press.

81. Gallagher, S. (2011), Introduction: a Diversity of Selves, In S. Gallagher (Eds.), *The Oxford Handbook of the Self*, New York: Oxford University Press, pp. 1–29.

82. Gallagher, S. (2012), Multiple Aspects in the Sense of Agency. *New Ideas in Psychology*, 30 (1), pp. 15–31.

83. Gallagher, S. & Meltzoff, A. N. (1996), The Earliest Sense of Self and Others: Merleau-Ponty and Recent Developmental Studies. *Philosophical Psychology*, 9 (2), pp. 211–233.

84. Gallese, V. (2011), Neuroscience and Phenomenology, *Phenomenology & Mind*, 1: pp. 33–48.

85. Garfield, J. (1995), *The Fundamental Wisdom of the Middle Way: Nāgārjuna's Mūlamadhyamakakārikā*, New York and Oxford: Oxford University Press.

86. Gentile, G., Guterstam, A., Brozzoli, C. & Ehrsson, H. H. (2013), Disintegration of Multisensory Signals From the Real Hand Reduces Default Limb Self-attribution: An FMRI Study. *The Journal of Neuroscience*, 33 (33), pp. 13350–13366.

87. Georgieff, N. & Jeannerod, M. (1998), Beyond Consciousness of External Reality: A "Who" System for Consciousness of Action and Self-consciousness, *Consciousness and Cognition*, 7 (3), pp. 465–477.

88. Gazzaniga, M. S. (1989), Organization of the Human Brain, *Science*, 245 (4921), pp. 947-952.

89. Gerstmann, J. (1942), Problem of Imperception of Disease and of Impaired Body Territories with Organic Lesions: Relation to Body Scheme and Its Disorders, *Archives of Neurology and Psychiatry*, 48 (6), p. 890.

90. Gibson, J. (1987), A Note on What Exists at the Ecological Level of Reality, in E. Reed & R. Jones (Eds.), *Reasons for Realism: Selected Essays of James*, Hillsdale, N. J.: Erlbaum, pp. 416-418.

91. Gillihan, S. J. & Farah, M. J. (2005), Isself Special? A Critical Review of Evidence From Experimental Psychology and Cognitive Neuroscience. *Psychological Bulletin*, 131 (1), pp. 76-97.

92. Giummarra, M. J., Georgiou-Karistianis, N., Nicholls, M. E., Gibson, S. J., Chou, M. & Bradshaw, J. L. (2010), Corporeal Awareness and Proprioceptive Sense of the Phantom. *British Journal of Psychology*, 101 (4), pp. 791-808.

93. Grillner, S., Hellgren, J., Menard, A., Saitoh, K. & Wikström, M. A. (2005), Mechanisms for Selection of Basic Motor Programs-roles for the Striatum and Pallidum. *Trends in Neurosciences*, 28 (7), pp. 364-370.

94. Goodale, M. A. & Milner, D. (2013), *Sight Unseen: An Exploration of Conscious and Unconscious Vision*, New York: Oxford University Press.

95. Gurwitsch, A. (1941), A Non-egological Conception of Consciousness, *Philosophy and Phenomenological Research*, 1 (3), pp. 325-338.

96. Guterstam, A., Petkova, V. I. & Ehrsson, H. H. (2011), The Illusion of Owning a Third Arm. *PLoS One*, 6 (2), e17208.

97. Haarmeier, T., Bunjes, F., Lindner, A., Berret, E. & Thier, P. (2001), Optimizing Visual Motion Perception During Eye Movements, *Neuron*, 32 (3), pp. 527-535.

98. Haggard, P. (2005), Conscious Intention and Motor Cognition. *Trends in Cognitive Sciences*, 9 (6), pp. 290-295.

99. Haggard, P. (2008), Human Volition: Towards a Neuroscience of Will. *Nature Reviews Neuroscience*, 9 (12), pp. 934-946.

100. Haggard, P. & Chambon, V. (2012), Sense of Agency. *Current Bi-*

ology, 22 (10), pp. 390–392.

101. Hari, R., Hänninen, R., Mäkinen, T., Jousmäki, V., Forss, N., Seppä, M. & Salonen, O. (1998), Three Hands: Fragmentation of Human Bodily Awareness, *Neuroscience Letters*, 240 (3), pp. 131–134.

102. Heinisch, C., Dinse, H. R., Tegenthoff, M., Juckel, G. & Brüne, M. (2011), An RTMS Study Into Self-face Recognition Using Video-morphing Technique. *Social Cognitive and Affective Neuroscience*, 6 (4), pp. 442–449.

103. Held, R. (1961), Exposure-history as a Factor in Maintaining Stability of Perception and Coordination, *The Journal of Nervous and Mental Disease*, 132 (1), pp. 26–32.

104. Henry, A., Thompson, E. (2011), Witnessing From Here: Self-awareness From a Bodily Versus Embodied Perspective, In S. Gallagher (eds.), *The Oxford Handbook of the Self*, New York: Oxford University Press, pp. 228–249.

105. Hertza, J., Davis, A. S., Barisa, M. & Lemann, E. R. (2012), Atypical Sensory Alien Hand Syndrome: A Case Study, *Applied Neuropsychology: Adult*, 19 (1), pp. 71–77.

106. Hluštík, P., Solodkin, A., Gullapalli, R. P., Noll, D. C. & Small, S. L. (2001), Somatotopy in Human Primary Motor and Somatosensory Hand Representationsrevisited. *Cerebral Cortex*, 11 (4), pp. 312–321.

107. Hohwy, J. & Paton, B. (2010), Explaining Away the Body: Experiences of Supernaturally Caused Touch and Touch on Non-hand Objects Within the Rubber Hand Illusion. *PLoS One*, 5 (2), e9416.

108. Hohwy, J., Roepstorff, A. & Friston, K. (2008), Predictive Coding Explains Binocular Rivalry: An Epistemological Review. *Cognition*, 108 (3), pp. 687–701.

109. Hommel, B. (2015), Action Control and the Sense of Agency. In P. Haggard & B. Eitam (Eds.), *The Sense of Agency*, New York: Oxford University Press, pp. 307–326.

110. Hommel, B. & Elsner, B. (2009), Acquisition, Representation and Control of Action, In E. Morsella, J. A. Bargh & P. M. Gollwitzer (Eds.),

Oxford Handbook of Human Action, New York: Oxford University Press, pp. 371-398.

111. Hoshi, E., Tremblay, L., Féger, J., Carras, P. L. & Strick, P. L. (2005), The Cerebellum Communicates With the Basal Ganglia. *Nature Neuroscience*, 8 (11), pp. 1491-1493.

112. Humphrey, N. (1999), *A History of the Mind: Evolution and the Birth of Consciousness*, Heidelberg: Springer Science & Business Media.

113. Humphrey, N. (2000), How to Solve the Mind-body Problem, *Journal of Consciousness Studies*, 4, pp. 5-20.

114. Ide, M. (2013), The Effect of "Anatomical Plausibility" of Hand Angle on the Rubber-hand Illusion. *Perception*, 42 (1), pp. 103-111.

115. Ionta, S., Heydrich, L., Lenggenhager, B., Mouthon, M., Fornari, E., Chapuis, D., Blanke, O. (2011), Multisensory Mechanisms in Temporo-parietal Cortex Support Self-location and First-person Perspective, *Neuron*, 70 (2), pp. 363-374.

116. James, W. (1890), *The Principles of Psychology*, New York: Dover.

117. Jeannerod, M. (1994), The Representing Brain: Neural Correlates of Motor Intention and Imagery, *Behavioral and Brain Sciences*, 17 (2), pp. 187-202.

118. Jeannerod, M. (2003), The Mechanism of Self-recognition in Humans. *Behavioural Brain Research*, 142 (1), pp. 1-15.

119. Jenkinson, P. M., Patrick, H., Ferreira, N. C. & Aikaterini, F. (2013), Body Ownership and Attention in the Mirror: Insights From Somatoparaphrenia and the Rubber Hand Illusion. *Neuropsychologia*, 51 (8), pp. 1453-1462.

120. Johansson, R. S. & Flanagan, J. R. (2009), Coding and Use of Tactile Signals From the Fingertips in Object Manipulation Tasks. *Nature Reviews Neuroscience*, 10 (5), pp. 345-359.

121. Kalckert, A. & Ehrsson, H. H. (2012), Moving a Rubber Hand That Feels Like Your Own: A Dissociation of Ownership and Agency. *Frontiers in Human Neuroscience*, 6, p. 40.

122. Kalckert, A. & Ehrsson, H. H. (2014), The Moving Rubber Hand

Illusion Revisited: Comparing Movements and Visuotactile Stimulation to Induce Illusory Ownership. *Consciousness and Cognition*, 26, pp. 117-132.

123. Kammers, M. P., Longo, M. R., Tsakiris, M., Dijkerman, H. C. & Haggard, P. (2009), Specificity and Coherence of Body Representations. *Perception*, 38 (12), pp. 1804-1820.

124. Karnath, H. -O. & Baier, B. (2010), Right Insula for Our Sense of Limb Ownership and Self-awareness of Actions. *Brain Structure and Function*, 214 (5-6), pp. 411-417.

125. Kaplan, J. T., Aziz-Zadeh, L., Uddin, L. Q. & Lacoboni, M. (2008), The Self Across the Senses: An FMRI Study of Self-face and Self-voice Recognition. *Social Cognitive and Affective Neuroscience*, 3 (3), pp. 218-223.

126. Lau, H. C., Rogers, R. D., Haggard, P. & Passingham, R. E. (2004), Attention to Intention. *Science*, 303 (5661), pp. 1208-1210.

127. Legrand, D. & Ruby, P. (2009), What is Self-specific? Theoretical Investigation and Critical Review of Neuroimaging Results, *Psychological Review*, 116 (1), p. 252.

128. Lenggenhager, B., Tadi, T., Metzinger, T. & Blanke, O. (2007), Video Ergo Sum: Manipulating Bodily Self-consciousness. *Science*, 317 (5841), pp. 1096-1099.

129. Liew, S. L., Ma, Y., Han, S. & Aziz-Zadeh, L. (2011), Who's Afraid of the Boss: Cultural Differences in Social Hierarchies Modulate Self-face Recognition in Chinese and Americans. *PLoS One*, 6 (2), e16901.

130. Limanowski, J. & Blankenburg, F. (2013), Minimal Self-models and the Free Energy Principle. *Frontiers in Human Neuroscience*, 7 (2), pp. 547-547.

131. Lindner, A., Thier, P., Kircher, T. T., Haarmeier, T. & Leube, D. T. (2005), Disorders of Agency in Schizophrenia Correlate with an Inability to Compensate for the Sensory Consequences of Actions, *Current Biology*, 15 (12), pp. 1119-1124.

132. Lloyd, D. M. (2007), Spatial Limits on Referred Touch to an Alien Limb Mayreflect Boundaries of Visuo-tactile Peripersonal Space Surrounding the Hand. *Brain and Cognition*, 64 (1), pp. 104-109.

133. Lloyd, D. M., Shore, D. I., Spence, C. & Calvert, G. A. (2003), Multisensory Representation of Limb Position in Human Premotor Cortex. *Nature Neuroscience*, 6 (1), pp. 17-18.

134. Löken, L. S., Wessberg, J., McGlone, F. & Olausson, H. (2009), Coding of Pleasant Touch by Unmyelinated Afferents in Humans. *Nature Neuroscience*, 12 (5), pp. 547-548.

135. Longo, M. R., Kammers, M. P., Gomi, H., Tsakiris, M. & Haggard, P. (2009), Contraction of Body Representation Induced by Proprioceptive Conflict. *Current Biology*, 19 (17), pp. 727-728.

136. Longo, M. R., Schüür, F., Kammers, M. P., Tsakiris, M. & Haggard, P. (2008), What is Embodiment? A Psychometric Approach. *Cognition*, 107 (3), pp. 978-998.

137. Ma, k. & Han, S. (2012), Is the Self Always Better Than a Friend? Self-face Recognition in Christians and Atheists. *PLoS One*, 7 (5).

138. Ma, k. & Hommel, B. (2013), The Virtual-hand Illusion: Effects of Impact and Threat on Perceived Ownership and Affective Resonance, *Frontiers in Psychology*, 4, p. 604.

139. Ma, k. & Hommel, B. (2015a), Body-ownership for Actively Operated Non-corporeal Objects. *Consciousness and Cognition*, 36, pp. 75-86.

140. Ma, k. & Hommel, B. (2015b), The Role of Agency for Perceived Ownership in the Virtual Hand Illusion. *Consciousness and Cognition*, 36, pp. 277-288.

141. MacDonald, P. A. & Paus, T. (2003), The Role of Parietal Cortex in Awareness of Self-generated Movements: A Transcranial Magnetic Stimulation Study. *Cerebral Cortex*, 13 (9), pp. 962-967.

142. McGeoch, P. D. & Ramachandran, V. (2012), The Appearance of New Phantom Fingers Post-amputation in a Phocomelus. *Neurocase*, 18 (2), pp. 95-97.

143. Maister, L., Sebanz, N., Knoblich, G. & Tsakiris, M. (2013), Experiencing Ownership Over a Dark-skinned Body Reduces Implicit Racial Bias. *Cognition*, 128 (2), pp. 170-178.

144. Makin, T. R., Holmes, N. P. & Ehrsson, H. H. (2008), On the

Other Hand: Dummy Hands and Peripersonal Space. *Behavioural Brain Research*, 191 (1), pp. 1-10.

145. Makin, T. R., Holmes, N. P. & Zohary, E. (2007), Is that Near My Hand? Multisensory Representation of Peripersonal Space in Human Intraparietal Sulcus, *The Journal of Neuroscience*, 27 (4), pp. 731-740.

146. Manto, M., Bower, J. M., Conforto, A. B., Delgado-García, J. M., da Guarda, S. N. F., Gerwig, M.,... Mariën, P. (2012), Consensus Paper: Roles of the Cerebellum in Motor Control—the Diversity of Ideas on Cerebellar Involvement in Movement. *The Cerebellum*, 11 (2), pp. 457-487.

147. Maravita, A., Spence, C. & Driver, J. (2003), Multisensory Integration and the Body Schema: Close to Hand and Within Reach. *Current Biology*, 13 (13), pp. 531-539.

148. Marcel, A. (2003), The Sense of Agency: Awareness and Ownership of Action, In J. Roessler & N. Eilan (Eds.), *Agency and Self-awareness*, London: Clarendon Press, pp. 48-93.

149. Mars, R. B., Sallet, J., Schüffelgen, U., Jbabdi, S., Toni, I. & Rushworth, M. F. (2012), Connectivity-based Subdivisions of the Human Right "Temporoparietal Junction Area": Evidence for Different Areas Participating in Different Cortical Networks. *Cerebral Ccortex*, 22 (8), pp. 1894-1903.

150. Mazzurega, M., Pavani, F., Paladino, M. P. & Schubert, T. W. (2011), Self-other Bodily Merging in the Context of Synchronous but Arbitrary-related Multisensory Inputs. *Experimental Brain Research*, 213 (2-3), pp. 213-221.

151. McGonigle, D., Hänninen, R., Salenius, S., Hari, R., Frackowiak, R. & Frith, C. (2002), Whose Arm is It Anyway? A FMRI Case Study of Supernumerary Phantom Limb, *Brain*, 125 (6), pp. 1265-1274.

152. Medford, N. (2012), Emotion and the Unreal Self: Depersonalization Disorder and De-affectualization. *Emotion Review*, 4 (2), pp. 139-144.

153. Metzinger, T. (2003a), *Being No One*, Cambridge, Mass: MIT Press.

154. Metzinger, T. (2009), The Ego Tunnel: The Science of the Mind and the Myth of the Self, New York: Basic Books.

155. Moore, J. W., Middleton, D., Haggard, P. & Fletcher, P. C. (2012), Exploring Implicit and Explicit Aspects of Sense of Agency. *Consciousness and Cognition*, 21 (4), pp. 1748-1753.

156. Moro, V., Zampini, M. & Aglioti, S. M. (2004), Changes in Spatial Position of Hands Modify Tactile Extinction but not Disownership of Contralesional Hand in Two Right Brain-damaged Patients, *Neurocase*, 10 (6), pp. 437-443.

157. Narumoto, J., Okada, T., Sadato, N., Fukui, K. & Yonekura, Y. (2001), Attention to Emotion Modulates Fmri Activity in Human Right Superior Temporal Sulcus. *Cognitive Brain Research*, 12 (2), pp. 225-231.

158. Northoff, G., Heinzel, A., De Greck, M., Bermpohl, F., Dobrowolny, H. & Panksepp, J. (2006), Self-referential Processing in our Brain—a Meta-analysis of Imaging Studies on the Self. *NeuroImage*, 31 (1), pp. 440-457.

159. O'Regan, J. K. & Noë, A., A Sensorimotor Account of Vision and Visual Consciousness. *Behavioral and Brain Sciences*, 24 (5), pp. 883-917.

160. Pannese, A. & Hirsch, J. (2010), Self-specific Priming Effect. *Consciousness and Cognition*, 19 (4), pp. 962-968.

161. Pannese, A. & Hirsch, J. (2011), Self-face enhances Processing of Immediately Preceding Invisible Faces. *Neuropsychologia*, 49 (3), pp. 564-573.

162. Parfit, D. (1987), *Reasons and Persons*, Oxford: Clarendon Press.

163. Parvizi, J. & Damasio, A. (2001), Consciousness and the Brainstem, *Cognition*, 79 (1), pp. 135-160.

164. Petkova, V. I., Khoshnevis, M. & Ehrsson, H. H. (2011), The Perspective Matters! Multisensory Integration in Ego-centric Reference Frames Determines Full-body Ownership, *Frontiers in Psychology*, 2, p. 35.

165. Petrides, M. & Pandya, D. N. (2007), Efferent Association Pathways From the Rostral Prefrontal Cortex in the Macaque Monkey, *The Journal of Neuroscience*, 27 (43), pp. 11573-11586.

166. Petrides, M. & Pandya, D. N. (2009), Distinct Parietal and Temporalpathways to the Homologues of Broca's Area in the Monkey, *PLoS Biology*,

7 (8), e1000170.

167. Pitcher, D., Walsh, V. & Duchaine, B. (2011), The Role of the Occipital Face Area in the Cortical Face Perception Network, *Experimental Brain Research*, 209 (4), pp. 481-493.

168. Platek, S. M., Thomson, J. W. & Gallup, G. G. (2004), Cross-modal Self-recognition: The Role of Visual, Auditory and Olfactory Primes, *Consciousness and Cognition*, 13 (1), pp. 197-210.

169. Platek, S. M., Wathne, K., Tierney, N. G. & Thomson, J. W. (2008), Neural Correlates of Self-face Recognition: An Effect-location Meta-analysis, *Brain Research*, 1232, pp. 173-184.

170. Preston, C. (2013), The Role of Distance From the Body and Distance From the Real Hand in Ownership and Disownership During the Rubber Hand Illusion, *Acta Psychologica*, 142 (2), pp. 177-183.

171. Preston, C. & Newport, R. (2010), Self-denial and the Role of Intentions in the Attribution of Agency, *Consciousness and Cognition*, 19 (4), pp. 986-998.

172. Ramachandran, V. S., Blakeslee, S. & Sacks, O. W. (1998), *Phantoms in the Brain: Probing the Mysteries of the Human Mind*, New York: William Morrow.

173. Ramachandran, V. S., Brang, D., McGeoch, P. D. & Rosar, W. (2009), Sexual Andfood Preference in Apotemnophilia and Anorexia: Interactions Between "Beliefs" and "Needs" Regulated by Two-way Connections Between Body Image and Limbic Structures, *Perception*, 38 (5), pp. 775-777.

174. Ramachandran, V. S., Rogers-Ramachandran, D. & Cobb, S. (1995), Touching the Phantom Limb, *Nature*, 377 (6549), pp. 489-490.

175. Ramasubbu, R., Masalovich, S., Gaxiola, I., Peltier, S., Holtzheimer, P. E., Heim, C.,... Mayberg, H. S. (2011), Differential Neural Activity and Connectivity for Processing One's Own face: A preliminary report, *Psychiatry Research: Neuroimaging*, 194 (2), pp. 130-140.

176. Ramnani, N. & Miall, R. C. (2004), A System in the Human Brain for Predicting the Action of Others. *Nature Neuroscience*, 7 (1), pp. 85-90.

177. Ricoueur, P. (1984), *Time and Narrative*, Chicago: University of

Chicago Press, p. 246.

178. Riemer, M., Kleinböhl, D., Hölzl, R. & Trojan, J. (2013), Action and Perception in the Rubber Hand Illusion. *Experimental Brain Research*, 229 (3), pp. 383–393.

179. Rohde, M., Di Luca, M. & Ernst, M. O. (2011), The Rubber Hand Illusion: Feeling Ofownership and Proprioceptive Drift Do Not Go Hand in Hand. *PLoS One*, 6 (6), e21659.

180. Sala, S. D., Marchetti, C. (1998), Disentangling the Alien and Anarchic Hand, *Cognitive Neuropsychiatry*, 3 (3), pp. 191–207.

181. Sala, S. D., Marchetti, C. & Spinnler, H. (1991), Right-sided Anarchic (alien) Hand: A Longitudinal Study, *Neuropsychologia*, 29 (11), pp. 1113–1127.

182. Sanchez-Vives, M. V., Spanlang, B., Frisoli, A., Bergamasco, M. & Slater, M. (2010), Virtual Hand Illusion Induced by Visuomotor Correlations, *PLoS One*, 5 (4), e10381.

183. Sato, A. (2009), Both Motor Prediction and Conceptual Congruency Between Preview and Action-effect Contribute to Explicit Judgment of Agency. *Cognition*, 110 (1), pp. 74–83.

184. Sato, A. & Yasuda, A. (2005), Illusion of Sense of Self-agency: Discrepancy Between the Predicted and Actual Sensory Consequences of Actions Modulates the Sense of Self-agency, But not the Sense of Self-ownership, *Cognition*, 94 (3), pp. 241–255.

185. Schaefer, M., Heinze, H. J. & Galazky, I. (2010), Alien Hand Syndrome: Neural Correlates of Movements Without Conscious Will, *PLoS One*, 5 (12), e15010.

186. Schlack, A., Sterbing-D'Angelo, S. J., Hartung, K., Hoffmann, K. -P. & Bremmer, F. (2005), Multisensory Space Representations in the Macaque Ventral Intraparietal Area, *The Journal of Neuroscience*, 25 (18), pp. 4616–4625.

187. Schultz, J., Imamizu, H., Kawato, M. & Frith, C. D. (2004), Activation of the Human Superior Temporal Gyrus During Observation of Goal Attribution by Intentional Objects, *Journal of Cognitive Neuroscience*, 16 (10),

pp. 1695-1705.

188. Schütz-Bosbach, S., Tausche, P. & Weiss, C. (2009), Roughness Perception During the Rubber Hand Illusion, *Brain and Cognition*, 70 (1), pp. 136-144.

189. Schwabe, L. & Blanke, O. (2007), Cognitive Neuroscience of Ownership and Agency, *Consciousness and Cognition*, 16 (3), pp. 661-666.

190. Searle, J. R. (2004), *Mind: A Brief Introduction*, New York: Oxford University Press.

191. Sforza, A., Bufalari, I., Haggard, P. & Aglioti, S. M. (2010), My Face Inyours: Visuo-tactile Facial Stimulation Influences Sense of Identity, *Social Neuroscience*, 5 (2), pp. 148-162.

192. Shergill, S. S., Bays, P. M., Frith, C. D. & Wolpert, D. M. (2003), Two Eyes for an Eye: The Neuroscience of Force Escalation, *Science*, 301 (5630), pp. 187-187.

193. Shergill, S. S., Samson, G., Bays, P. M., Frith, C. D. & Wolpert, D. M. (2010), Evidence for Sensory Prediction Deficits in Schizophrenia, *American Journal of Psychiatry*, 162 (12), pp. 2384-2386.

194. Shimada, S., Fukuda, K. & Hiraki, K. (2009), Rubber Hand Illusion Under Delayed Visual Feedback, *PLoS One*, 4 (7), e6185.

195. Shoemaker, S. S. (1968), Self-reference and Self-awareness, *The Journal of Philosophy*, 65 (19), pp. 555-567.

196. Shoemaker, S. S. (2003), *Identity, Cause and Mind: Philosophical Essays*, New York: Oxford University Press.

197. Sørensen, J. B. (2005), The Alien-hand Experiment, *Phenomenology and the Cognitive Sciences*, 4 (1), pp. 73-90.

198. Slater, M., Perez-Marcos, D., Ehrsson, H. H. & Sanchez-Vives, M. V. (2008), Towards a Digital Body: The Virtual arm Illusion, *Frontiers in Human Neuroscience*, 2, p. 6.

199. Stern, D. (1985), *The Interpersonal World of the Infant*, New York: Basic Books.

200. Strawson, G. (1997), The Self, *Journal of Consciousness Studies*, 4 (5/6), pp. 405-428.

201. Striano, T. & Rochat, P. (1999), Developmental Link Between Dyadic and Triadic Social Competence in Infancy, *British Journal of Developmental Psychology*, 17 (4), pp. 551-562.

202. Synofzik, M., Lindner, A. & Thier, P. (2008), The Cerebellum Updates Predictions About the Visual Consequences of One's Behavior, *Current Biology*, 18 (11), pp. 814-818.

203. Synofzik, M., Vosgerau, G. & Newen, A. (2008a), Beyond the Comparator Model: A Multifactorial Two-step Account of Agency, *Consciousness and Cognition*, 17 (1), pp. 219-239.

204. Synofzik, M., Vosgerau, G. & Newen, A. (2008b), I Move, Therefore I Am: A New Theoretical Framework to Investigate Agency and Ownership, *Consciousness and Cognition*, 17 (2), pp. 411-424.

205. Tajadura-Jiménez, A., Grehl, S. & Tsakiris, M. (2012), The Other in me: Interpersonal Multisensory Stimulation Changes the Mental Representation of the Self, *PLoS One*, 7 (7), e40682.

206. Thompson, E. (2014), *Waking, Dreaming, Being: Self and Consciousness in Neuroscience, Meditation and Philosophy*, New York: Columbia University Press.

207. Trojano, L., Crisci, C., Lanzillo, B., Elefante, R. & Caruso, G. (1993), How Many Alien Hand Syndromes' Follow-up of a Case, *Neurology*, 43 (12), pp. 2710-2710.

208. Tsakiris, M. (2008), Looking for Myself: Current Multisensory Input Alters Self-face Recognition, *PLoS One*, 3 (12), e4040.

209. Tsakiris, M. (2010), My Body in the Brain: A Neurocognitive Model of Body-ownership, *Neuropsychologia*, 48 (3), pp. 703-712.

210. Tsakiris, M., Carpenter, L., James, D. & Fotopoulou, A. (2010), Hands Only Illusion: Multisensory Integration Elicits Sense of Ownership for Body Parts But not for Non-corporeal Objects, *Experimental Brain Research*, 204 (3), pp. 343-352.

211. Tsakiris, M., Costantini, M. & Haggard, P. (2008), The Role of the Right Temporoparietal Junction in Maintaining a Coherent Sense of One's Body, *Neuropsychologia*, 46, pp. 3014-3018.

212. Tsakiris, M. & Haggard, P. (2005a), Experimenting With the Acting Self, *Cognitive Neuropsychology*, 22 (3-4), pp. 387-407.

213. Tsakiris, M. & Haggard, P. (2005b), The Rubber Hand Illusion Revisited: Visuotactile Integration and Self-attribution, *Journal of Experimental Psychology: Human Perception and Performance*, 31 (1), pp. 80-91.

214. Tsakiris, M., Haggard, P., Franck, N., Mainy, N. & Sirigu, A. (2005), A Specific Role for Efferent Information in Self-recognition, *Cognition*, 96 (3), pp. 215-231.

215. Tsakiris, M., Hesse, M. D., Boy, C., Haggard, P. & Fink, G. R. (2007), Neural Signatures of Body Ownership: A Sensory Network for Bodily Self-consciousness, *Cerebral Cortex*, 17 (10), pp. 2235-2244.

216. Tsakiris, M., Prabhu, G. & Haggard, P. (2006), Having a Body Versus Moving Your Body: How Agency Structures Body-ownership, *Consciousness and Cognition*, 15 (2), pp. 423-432.

217. Tsakiris, M., Hesse, M. D., Boy, C., Haggard, P. & Fink, G. R. (2007), Neural Signatures of Body Ownership: A Sensory Network for Bodily Self-consciousness, *Cerebral Cortex*, 17 (10), pp. 2235-2244.

218. Tsay, A., Allen, T., Proske, U. & Giummarra, M. (2015), Sensing the Body in Chronic Pain: A Review of Psychophysical Studies Implicating Altered Body Representation. *Neuroscience & Biobehavioral Reviews*, 52, pp. 221-232.

219. Uddin, L. Q., Kaplan, J. T., Molnar-Szakacs, I., Zaidel, E. & Lacoboni, M. (2005), Self-face Recognition Activates a Frontoparietal "Mirror" Network in the Right Hemisphere: An Event-related FMRI Study, *Neuroimage*, 25 (3), pp. 926-935.

220. Vallar, G., Guariglia, C., Nico, D. & Pizzamiglio, L. (1997), Motor Deficits and Optokinetic Stimulation in Patients with Left Hemineglect, *Neurology*, 49 (5), pp. 1364-1370.

221. Vallar, G. & Rochi, R. (2009), Somatoparaphrenia: A Body Delusion, A Review of the Neuropsychological Literature, *Experimental Brain Research*, 192, pp. 533-551.

222. van der Hoort, B., Guterstam, A. & Ehrsson, H. H. (2011),

Being Barbie: The Size of One's Own Body Determines the Perceived Size of the World, *PLoS One*, 6 (5), e20195.

223. Velmans, M. (2009), *Understanding Consciousness*, London: Routledge.

224. Verosky, S. C. & Todorov, A. (2010), Differential Neural Responses to Faces Physically Similar to the Self as a Function of Their Valence, *Neuroimage*, 49 (2), pp. 1690-1698.

225. Vocks, S., Busch, M., Grönemeyer, D., Schulte, D., Herpertz, S. & Suchan, B. (2010), Differential Neuronal Responses to the Self and Others in the Extrastriatebody Area and the Fusiform Body Area. *Cognitive, Affective & Behavioral Neuroscience*, 10 (3), pp. 422-429.

226. Vosgerau, G. & Newen, A. (2007), Thoughts, Motor Actions and the Self, *Mind & Language*, 22 (1), pp. 22-43.

227. Voss, M., Ingram, J. N., Haggard, P. & Wolpert, D. M. (2006), Sensorimotor Attenuation by Central Motor Command Signals in the Absence of Movement, *Nature Neuroscience*, 9, pp. 26-27.

228. Wegner, D. (2003), The Illusion of Conscious Will, Cambridge, MA: MIT Press.

229. Wegner, D. M., Sparrow, B. & Winerman, L. (2004), Vicarious Agency: Experiencing Control Over the Movements of Others, *Journal of Personality and Social Psychology*, 86 (6), pp. 838-848.

230. Wittgenstein, L. (1958), *The Blue and Brown Books*, Oxford: Blackwell.

231. Yomogida, Y., Sugiura, M., Sassa, Y., Wakusawa, K., Sekiguchi, A., Fukushima, A.,... Kawashima, R. (2010), The Neural Basis of Agency: A FMRI Study, *Neuroimage*, 50 (1), pp. 198-207.

232. Yuan, Y. & Steed, A. (2010), Is the Rubber Hand Illusion Induced by Immersive Virtual Reality? Paper Presented at the Virtual Reality Conference (VR), 2010 IEEE.

233. Zhang, J. & Hommel, B. (2015), Body Ownership and Response to Threat. *Psychological Research*, pp. 1-10.

234. Zhang, J., Ma, K. & Hommel, B. (2015), The Virtual Hand Illu-

sion Ismoderated by Context-induced Spatial Reference Frames, *Frontiers in Psychology*, 6, p. 1659.

235. Zheng, Z. Z., MacDonald, E. N., Munhall, K. G. & Johnsrude, I. S. (2011), Perceiving Astranger's Voice as Being One's Own: A "Rubber Voice" Illusion? *PLoS One*, 6 (4), e18655.

236. Zopf, R., Savage, G. & Williams, M. A. (2010), Crossmodal Congruency Measures of Lateral Distance Effects on the Rubber Hand Illusion. *Neuropsychologia*, 48 (3), pp. 713–725.

中文文献:

237. 陈波、陈巍、张静、袁逖飞:《"镜像"的内涵与外延:围绕镜像神经元的争议》,《心理科学进展》2015 年第 3 期。

238. 陈巍、郭本禹:《具身-生成的意识经验:神经现象学的透视》,《华东师范大学学报》(教育科学版) 2012 年第 3 期。

239. J. 布朗、M. 布朗:《自我》,王伟平、陈浩莺译,彭凯平校,人民邮电出版社 2004 年版。

240. A. R. 达马西奥:《感受发生的一切:意识产生中的身体和情绪》,杨韶刚译,教育科学出版社 2007 年版。

241. W. C. 丹皮尔:《科学史及其与哲学和宗教的关系》,李珩译,张今校,商务印书馆 1997 年版。

242. R. 笛卡儿:《第一哲学沉思集》,庞景仁译,商务印书馆 1986 年版。

243. C. 弗里斯:《心智的构建:脑如何创造我们的精神世界》,杨南昌等译,华东师范大学出版社 2015 年版。

244. M. 加扎尼加:《谁说了算? 自由意志的心理学解读》,闾佳译,浙江人民出版社 2013 年版。

245. N. 汉弗莱:《一个心智的历史:意识的起源和演化》,李恒威、张静译,浙江大学出版社 2015 年版。

246. B. 里贝特:《心智时间:意识中的时间因素》,李恒熙、李恒威、罗慧怡译,浙江大学出版社 2013 年版。

247. 李恒威:《意向性的起源:同一性,自创生和意义》,《哲学研究》2007 年第 10 期。

248. 李恒威:《认知主体的本性——简述〈具身心智:认知科学和人类经验〉》,《哲学分析》2010 年第 4 期。

249. 李恒威:《意识:从自我到自我感》,浙江大学出版社 2011 年版。

250. 李恒威、董达:《演化中的意识机制——达马西奥的意识观》,《哲学研究》2015 年第 12 期。

251. 李恒威、龚书:《意识与无意识:双流视觉理论》,《浙江师范大学学报》(社会科学版) 2015 年第 3 期。

252. 李恒威、盛晓明:《认知的具身化》,《科学学研究》2006 年第 2 期。

253. 刘高岑:《当代心智哲学的自我理论探析》,《哲学动态》2009 年第 9 期。

254. 刘高岑:《论自我的实在基础和社会属性》,《哲学研究》2010 年第 2 期。

255. J. 洛克:《人类理解论》(上册),关文运译,商务印书馆 1997 年版。

256. P. 邱奇兰德:《碰触神经:我即我脑》,李恒熙译,机械工业出版社 2015 年版。

257. 王辉、陈巍、单春雷:《异己手综合征的研究进展》,《中国康复医学杂志》2013 年第 12 期。

258. L. 维特根斯坦:《逻辑哲学论》,贺绍甲译,商务印书馆 1996 年版。

259. F. 瓦雷拉、E. 汤普森、E. 罗施:《具身心智:认知科学和人类经验》,李恒威、李恒熙、王球、于霞译,浙江大学出版社 2010 年版。

260. L. 夏皮罗:《具身认知》,李恒威、董达译,华夏出版社 2014 年版。

261. D. 休谟:《人性论》(上册),关文运译,郑之骧校,商务印书馆 1980 年版。

262. 徐弢:《“自我”是什么?——前期维特根斯坦“形而上学主体”概念解析》,《学术月刊》2011 年第 4 期。

263. D. 扎哈维:《主体性和自身性:对第一人称视角的探究》,蔡文菁译,上海译文出版社 2008 年版。

264. 张静:《认知科学革命中的针尖对麦芒:具身认知 vs 标准认知科

学》,《科技导报》2015 年第 6 期。

265. 张静、陈巍:《具身化的情绪理解研究:James-Lange 错了吗?》,《心理研究》2010 年第 1 期。

266. 张静、陈巍:《身体意象可塑吗?——同步性和距离参照系对身体拥有感的影响》,《心理学报》2016 年第 8 期。

267. 张静、陈巍、李恒威:《我的身体是"我"的吗?——从橡胶手错觉看自主感和拥有感》,《自然辩证法通讯》2017 年第 2 期。

268. 张静、李恒威:《自我表征的可塑性:基于橡胶手错觉的研究》,《心理科学》2016 年第 2 期。

269. 张汝伦:《自我的困境——近代主体性形而上学之反思与批判》,《复旦学报》(社会科学版)1998 年第 1 期。

270. 张世英:《自我的自由本质和创造性》,《江苏社会科学》2009 年第 2 期。

271. 周昌乐:《实验哲学:一种影响当代哲学走向的新方法》,《中国社会科学》2012 年第 10 期。

272. 周昌乐、黄华新:《从思辨到实验:哲学研究方法的革新》,《浙江社会科学》2009 年第 4 期。

附　录

附录 1　拥有感问卷

Dear Participant，

Thank you again for your participation in this study. We hope that you can answer the following questions concern in your experiences during the trial you just went through. Your response will be of great significance to our studies.

Q1. It seemed like I was looking at my own hand.

☐strongly disagree　　☐disagree　　☐partly disagree

☐uncertain　　☐partly agree　　☐agree

☐strongly agree

Q2. It seemed like the virtual hand was my hand or part of my body.

☐strongly disagree　　☐disagree　　☐partly disagree

☐uncertain　　☐partly agree　　☐agree

☐strongly agree

Q3. It seemed as though thetouch I felt was caused by the vibration touching the virtual hand.

☐strongly disagree　　☐disagree　　☐partly disagree

☐uncertain　　☐partly agree　　☐agree

☐strongly agree

Q4. It seemed like the virtual hand began to resemble my real hand.

☐strongly disagree　　☐disagree　　☐partly disagree

☐uncertain　　☐partly agree　　☐agree

☐strongly agree

Q5. It seemed as if I might have more than one right hand or arm.

☐strongly disagree　　　☐disagree　　　☐partly disagree

☐uncertain　　　☐partly agree　　　☐agree

☐strongly agree

Q6. It seemed like my hand was in the location where the virtual hand was.

☐strongly disagree　　　☐disagree　　　☐partly disagree

☐uncertain　　　☐partly agree　　　☐agree

☐strongly agree

Q7. It seemed like the vibration I felt was on the same location where the virtual hand as.

☐strongly disagree　　　☐disagree　　　☐partly disagree

☐uncertain　　　☐partly agree　　　☐agree

☐strongly agree

Q8. It seemed like my hand was drifting towards the virtual hand on the screen.

☐strongly disagree　　　☐disagree　　　☐partly disagree

☐uncertain　　　☐partly agree　　　☐agree

☐strongly agree

Q9. It seemed like I was totally in control of the virtual hand.

☐strongly disagree　　　☐disagree　　　☐partly disagree

☐uncertain　　　☐partly agree　　　☐agree

☐strongly agree

Q10. The virtual hand was obeying my will and I could make it move just like I wanted.

☐strongly disagree　　　☐disagree　　　☐partly disagree

☐uncertain　　　☐partly agree　　　☐agree

☐strongly agree

Q11. I felt as if the virtual hand was controlling me.

☐strongly disagree　　　☐disagree　　　☐partly disagree

☐uncertain　　　☐partly agree　　　☐agree

☐strongly agree

附录 2　拥有感和自主感问卷

亲爱的同学：

您好！再次感谢您参与我们的实验。我们希望您可以根据刚才环节中的体验情况对如下的陈述给出不同程度的评分。您的回答将会对我们的研究大有助益。谢谢！

问题 1. 我感到我刚刚看着的是我自己的手。

□非常不同意　　□不同意　　□部分不同意　　□不确定
□部分同意　　　□同意　　　□非常同意

问题 2. 我感到仿佛虚拟手是我身体的一部分。

□非常不同意　　□不同意　　□部分不同意　　□不确定
□部分同意　　　□同意　　　□非常同意

问题 3. 我感到仿佛虚拟手是我自己的手。

□非常不同意　　□不同意　　□部分不同意　　□不确定
□部分同意　　　□同意　　　□非常同意

问题 4. 好像我有不止一只右手。

□非常不同意　　□不同意　　□部分不同意　　□不确定
□部分同意　　　□同意　　　□非常同意

问题 5. 我感到仿佛我不再有右手了，好像我的右手刚刚已经消失了。

□非常不同意　　□不同意　　□部分不同意　　□不确定
□部分同意　　　□同意　　　□非常同意

问题 6. 我感到仿佛我的真手变成虚拟的了。

□非常不同意　　□不同意　　□部分不同意　　□不确定
□部分同意　　　□同意　　　□非常同意

问题 7. 我感到仿佛我能够导致虚拟手的移动。

□非常不同意　　□不同意　　□部分不同意　　□不确定
□部分同意　　　□同意　　　□非常同意

问题 8. 我感到仿佛我能够控制虚拟手的移动。

□非常不同意　　□不同意　　□部分不同意　　□不确定
□部分同意　　　□同意　　　□非常同意

问题 9. 虚拟手刚才是遵循我的意愿，并且我能够随心所欲地让它按照我想要的方式移动。

☐非常不同意　　☐不同意　　☐部分不同意　　☐不确定

☐部分同意　　☐同意　　☐非常同意

问题 10. 我感到仿佛虚拟手刚刚正控制我的意愿。

☐非常不同意　　☐不同意　　☐部分不同意　　☐不确定

☐部分同意　　☐同意　　☐非常同意

问题 11. 好像虚拟手有它自己的意愿。

☐非常不同意　　☐不同意　　☐部分不同意　　☐不确定

☐部分同意　　☐同意　　☐非常同意

问题 12. 我感到刚才虚拟手好像正在控制我。

☐非常不同意　　☐不同意　　☐部分不同意　　☐不确定

☐部分同意　　☐同意　　☐非常同意

附录 3　状态焦虑量表

亲爱的同学：

您好！再次感谢您参与我们的实验。下面还有几个小问题希望您能配合完成。谢谢！

下面列出的是一些人们常常用来描述他们自己的陈述，请阅读每一个陈述，然后选择适当的选项来表示你现在最恰当的感觉，也就是你此时此刻最恰当的感觉。没有对或错的回答，不要对任何一个陈述花太多的时间去考虑，但所给的回答应该是你现在最恰当的感觉。

	完全没有	有些	中等程度	非常明显
1. 我感到心情平静	①	②	③	④
2. 我感到安全	①	②	③	④
3. 我是紧张的	①	②	③	④
4. 我感到紧张束缚	①	②	③	④
5. 我感到安逸	①	②	③	④
6. 我感到烦乱	①	②	③	④
7. 我现在正烦恼，感到这种烦恼超过了可能的不幸	①	②	③	④

8. 我感到满意	①	②	③	④
9. 我感到害怕	①	②	③	④
10. 我感到舒适	①	②	③	④
11. 我有自信心	①	②	③	④
12. 我觉得神经过敏	①	②	③	④
13. 我极度紧张不安	①	②	③	④
14. 我优柔寡断	①	②	③	④
15. 我是轻松的	①	②	③	④
16. 我感到心满意足	①	②	③	④
17. 我是烦恼的	①	②	③	④
18. 我感到慌乱	①	②	③	④
19. 我感觉镇定	①	②	③	④
20. 我感到愉快	①	②	③	④